Quilt Party

Quilt Party

Quilt Party

Quilt Party

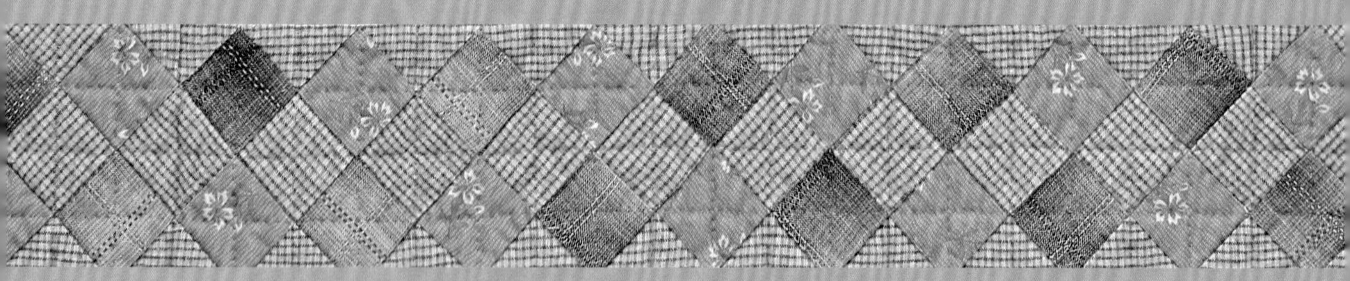

斉藤謠子
&
Quilt Party

美好的拼布日常

手作包・布小物・家飾用品 75 選

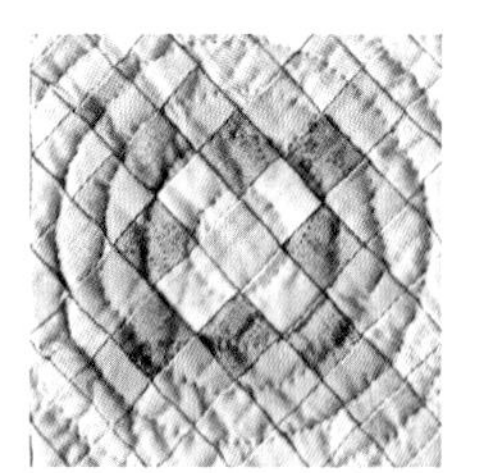

Yoko Saito
&
Quilt Party

Prologue

迄今，創立於日本千葉市川的「Quilt Party」拼布教室，
已經超過三十週年。

拼縫零碼布片，完成拼布作品，
這項工作能夠持續至今，
是因為我享受著色彩與圖案的搭配樂趣。

避免固定使用某些顏色，或只以同色系布片彙整成作品，
充分地運用布片的顏色、圖案、方向，更廣泛地創作。

其次，希望能製作想留在身邊，長久地使用，
更精美耐用的作品。

撰寫本書是希望將教室裡創作累積的拼布經驗，
分享給更多的人。

拼布作品都是一針一線地花時間，
以手工方式縫製完成。
完成一件作品可能需要花很多時間，或只需要很短的時間。
希望您閱讀本書後，能夠更盡興地製作拼布作品。

斉藤謠子
&
Quilt Party

Contents

Chapter 1　拼布小品收藏

Chapter 2　傳統拼布圖案

攝影／蜂巢文香
作法插畫／桜岡千　子　三島惠子
作法・紙型繪製／WADE・共同工藝社
編輯／鴨田彩子

DTP／ひつじ工房圖案室
print direction／山宮伸之

Chapter 3　花朵圖案貼布縫

Chapter 4　季節壁飾

Chapter 1

拼布小品收藏

以少少布片接縫即完成，
充滿袖珍小物感的迷你拼布作品。
收藏在抽屜裡的零碼布上場囉！

Hat pouch
帽子造型波奇包

平頂帽、針織帽、鴨舌帽造型的波奇包。
街上看過的設計造型或雜誌上的圖片……
一一地浮現在腦海中，再以鈕釦或刺繡為裝飾吧！

How to make＝P.52至P.55
製作：石田照美

Shoes pouch

鞋子造型波奇包

手掌大的鞋型波奇包。
以典雅外形、充滿休閒感的色彩運用，
製作出可愛風格的作品。

How to make=P.56

製作：石田照美

Key case

小提籃造型鑰匙包

提籃為「Quilt Party」拼布教室的人氣作品之一。
只要活用各種形狀，就能完成袋狀鑰匙包。

How to make=P.50
製作：中嶋恵子

J.GAZAVE
ROMAIN
Winter in Thrush Green
CBC

Miniature sofa
迷你沙發

適合當作人偶的沙發，或擺放上生活小物，也可以當作手機座的迷你沙發。一起以喜愛的零碼布，完成舉世無雙的沙發吧！

How to make=P.58、P.60
製作：石田照美

外形小巧，但堅持每個細節都一定要很到味。
底部安裝木珠椅腳。

Doll quilt

拼布小品

以小布片拼縫而成的拼布小品，
不挑選裝飾場所。
一片片地拼接，
盡情地享受手工拼布的美好時光吧！

How to make=P.62
製作：隥 美幸（上）　折見織江（中・下）

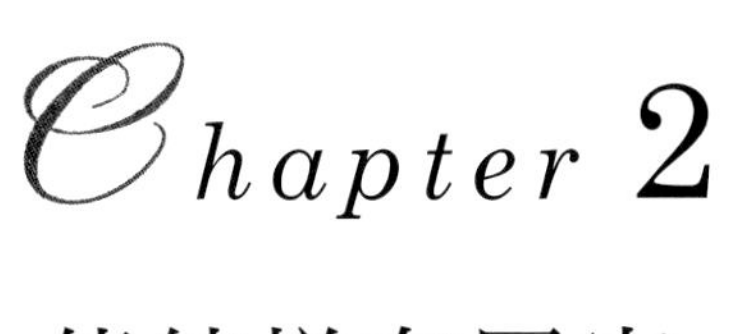

傳統拼布圖案

以生活周邊物品為題材的傳統拼布圖案，
期望繼續傳承手工藝歷史。
同時享受充滿自己風格的
拼布作品創作樂趣！

Around the world

Traditional quilt
環遊世界壁飾

以Lattice（圖案拼成的區塊）的灰色為基調，以柔美色彩統一整體。藻綠色、赤陶色伴隨壓線波紋，浮出柔美色彩。

How to make=P.66
製作：斉藤謠子

memo Quilt Party圖案 ❶

Around the world

取名「環遊世界」，由方形布片構成，中規中矩的圖案。整體意象因鮮明的色彩（深色）配置而不同，所以配置在圖案的內側與外側，圖案連結後，即營造出生動活潑感。準備布片拼接圖案時，請挑選不會影響主要圖案印象的顏色。

與P.16相同作品。

Around the world

Mat & Room shoes

玄關踏墊＆室內鞋

以和煦陽光般的溫暖色澤構成。
以獨特的拼布技巧，
完成充滿熟悉溫馨風味的作品。

How to make=P.64至P.65
製作：折見織江

Column

斉藤謠子＆
Around the world

像極了編織作品的主題圖案，也宛如馬賽克瓷磚，是此圖案最可愛之處。一張方形紙型，就能依序完成圖案，也是製作這件作品最有趣、最耐人尋味之處。這是我最喜愛的圖案之一。

提籃圖案

Café Curtain

短窗簾

以庭園花朵為裝飾般，加上「花朵提籃」邊飾的短窗簾。以季節花卉進行貼布縫，完成短窗簾也很經典。

How to make=P.68　製作：河野久美子

memo Quilt Party圖案 ❷

提籃圖案

選用看起來很像木紋或竹編紋的布料，營造提籃圖案般氛圍。成品印象因圖案配置方向而大不同，十分有趣。

提籃圖案

Daily bag
提籃日用手提袋

最適合日常生活中使用，能夠完全裝入物品的大提袋。採用最能夠融入生活的大地色。

How to make=P.69
製作：河野久美子

房屋圖案

Tapestry

房屋壁飾

製作時腦海中浮現各種街景的壁飾。
與拼縫房屋輪廓圖案的邊飾形成對比，
更加突顯細膩的色彩搭配。

How to make=P.67　製作：河野久美子

memo Quilt Party圖案 ❹

房屋圖案

製作壁飾建議採用木紋或磚塊圖案的布料。屋頂為同色系，提昇屋頂與牆壁的層次感，小窗採用素色感覺的布料，門片使用重點色，完成表情更豐富的圖案。在窗框加上刺繡，大大地提昇完成度。

Pouch
房屋造型小物盒＆波奇包

三角形屋頂、圓形屋頂、公寓大樓……以感覺溫馨的房屋主題圖案，完成適合擺放貼身物品的小物盒、零錢包、波奇包。以色彩營造南歐＆北歐風情。

How to make=P.76至P.78
製作：河野久美子

六角形圖案

Shoulder bag

六角形拼接
肩背包

以深色布片拼接而完全融入整體，營造出深幽陰影最富魅力。以棕褐色花朵貼布縫營造縱深感。

How to make=P.72　製作：折見織江

六角形圖案

Mini bag

六角形拼接袋蓋小提包

以邊長0.8cm的六角形小布片拼接袋蓋，構成重點裝飾的手提包。以馬賽克般的纖細拼接展現優雅。

How to make=P.70　製作：折見織江

memo Quilt Party圖案 ❸

六角形圖案

可構成花朵模樣般配色，完成更豐富多彩的圖案。排成花朵圖案時，活用布料的圖案與方向。配置成花瓣的條紋與圓點圖案用在相同位置，描繪的花朵更有個性。

Table mat
餐墊

親手作的孩童用品，以可愛的餐墊表現，可使用餐或點心時間更加充滿歡樂氣氛。完成不加邊飾，是一件充滿立體感的全圖案拼布作品。

How to make=P.79　製作：折見織江

memo Quilt Party圖案 ❺

貓＆狗

臉部使用圖案不顯眼的先染布或全圖案印花布。身體與臉部使用相同色系布料，感覺更自然。可廣泛地製作耳朵形狀、圖案、表情截然不同的作品，是創作樂趣無窮的圖案。

貓＆狗圖案

Tapestry & cushion

貓咪壁飾 ＆狗狗抱枕

區塊中以貓或狗主題圖案進行貼布縫，只是改變耳朵形狀或表情，即可完成個性更豐富的作品，以最喜愛的寵物為範本，完成令人愛不釋手的作品吧！

How to make=P.80、P.81

製作：船本里美

January
追逐遊戲
April
稀樹草原之星
February
鬱金香
May
Doran Cars Path
March
聖典
June
六角形拼接
12個月的圖案收藏
針插

How to make=P.82
製作：河野久美子

幾何圖案

Mobile case

手機袋

以拼接圖案進行貼布縫構成裝飾。
裡布使用的是為最適合搭配幾何圖案的格紋布。

How to make=P.86至P.90
製作：中嶋恵子

Chapter 3

花朵圖案貼布縫

進行貼布縫，
描繪最想納入日常生活的花朵，
精心壓線，
增添高雅氣息。

Coin case

四季蛙嘴口金包

金合歡、繡球花、橡實、聖誕玫瑰。宛如素描四季植物圖案般進行貼布縫，透過布片拼接表現纖細色彩。

How to make=P.91

製作：石田照美

Table runner & mat

花朵桌飾＆桌墊

取代裝飾桌面的花朵圖案拼布作品，以花朵圖案進行貼布縫後完成的桌飾套組。進行貼布縫，完成線條優美的蔓藤圖案，更加突顯優雅氛圍。

How to make=P.92
製作：中嶋恵子

Book cover
布書衣

宛如畫框沿著牆面往上攀爬，充滿設計巧思的花草圖案布書衣。以不同的台布圖案展現自我風格。

How to make=P.93
製作：中嶋恵子

Pencase

筆袋

透過拉鍊與磁釦開合的筆袋。
兩件作品皆以相同的花朵圖案進行貼布縫。

How to make=P.94・P.95
製作：中嶋恵子

由一整塊布料作成，側身可摺疊。

Mini bag

花籃風小提包

相對於斜紋，縱向配置格紋，
以花籃為設計構想的小提包。
加上線條柔美的花朵圖案，感
覺更優雅。

How to make=P.73
製作：中嶋恵子

Chapter 4

季節壁飾

以手作壁飾盡情地享受室內布置樂趣。
一邊等待著嶄新季節來報到，
一邊一針一線地精心製作。

綴滿漂亮圖案的季節壁飾

春

Tapestry

花園壁飾

How to make=P.97

製作：船本里美

交互配置花朵圖案區塊與九宮格，
描繪綻放繽紛花朵的春天景色。
色彩繽紛的九宮格部分，
讓人不由地想起花海般的情景。
以降低色調的四角形拼接邊飾襯托花朵圖案。

Mini tapestry
花朵小壁飾

How to make=P.96
製作：船本里美

綴滿漂亮圖案的季節壁飾

夏

Tapestry

帆船壁飾

How to make=P.99
製作：船本里美

三角形拼接的長條格狀布條，
拼縫帆船圖案後完成的壁飾。
以配置在三角形布片的布，
表現照射陽光後，
形成反射而波光粼粼的景象。
帆船壓線進行刺繡，
表現迎風航行意象。

Mini tapestry

海邊風景小壁飾

How to make=P.98

製作：船本里美

綴滿漂亮圖案的季節壁飾

秋

Tapestry

橡實壁飾

How to make=P.101
製作：船本里美

以三個種類的橡實區塊描繪秋天景色。
以格紋布配置增添變化。
四周環繞小木屋圖案的邊飾，
彙整成咖啡色、卡其色、磚紅色等，
充滿紅葉意象的色彩搭配。

Mini tapestry
萬聖節框飾

How to make=P.100
製作：船本里美

綴滿漂亮圖案的季節壁飾

冬

Tapestry

聖誕夜壁飾

How to make=P.75
製作：船本里美

以拼接與貼布縫圖案，
展現聖誕節主題，
是一件設計感十足的作品。
區塊基底顏色採用灰色系，
再以聖誕節顏色的紅與綠為基調，
構成簡單的色彩搭配，
將主題圖案襯托得更耀眼。

Wreath

聖誕節花圈裝飾

How to make=P.102

製作：船本里美

Wool pouch

聖誕樹造型羊毛束口袋

趁著製作壁飾空檔，以羊毛材質布料，手作外觀感覺也很溫暖的束口袋。以聖誕樹圖案進行貼布縫，除了適合平常使用之外，還可取代襪子，掛在床邊當作裝飾。

How to make=P.74
製作：船本里美

How to make

作法

- 圖中的單位為cm。
- 用布尺寸記載為長×寬。
- 作品完成尺寸與圖稿中記載尺寸可能出現若干差距。
- 製圖與紙型尺寸未特別註記時，表示不含縫份。
- 繡法請見P.52・P.80・P.87・P.89・P.93相關記載。

小提籃造型鑰匙包 P.10

▶原寸紙型A面①

●材料

（A至D相同）

・各式拼接、貼布縫用布片（D不需準備）

・鋪棉、胚布各25×15cm

・寬1至1.5cm織帶35cm

（D為寬1.2cm長15cm）

・寬0.6cm織帶3.5cm

・直徑0.8cm按釦1組

・直徑2cm小型易拉釦1個（D）

・25號繡線 適量

完成尺寸　7至8.5×9至10.5cm

<A>前片1片
（表布、鋪棉、胚布各1片）

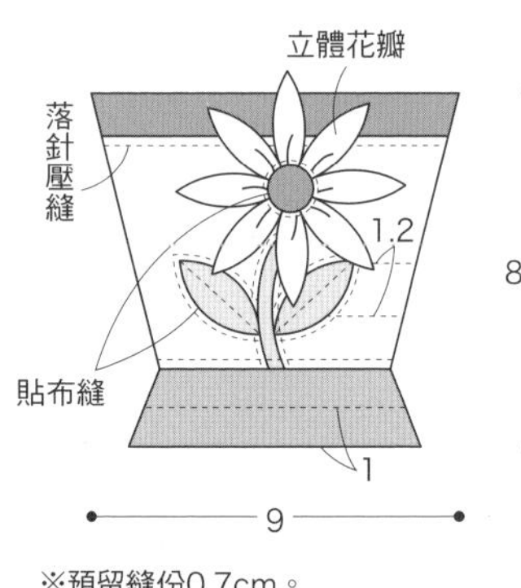

※預留縫份0.7cm。
※一邊夾入立體花瓣，
一邊於表布進行貼布縫。

<A>後片1片
（表布、鋪棉、胚布各1片）

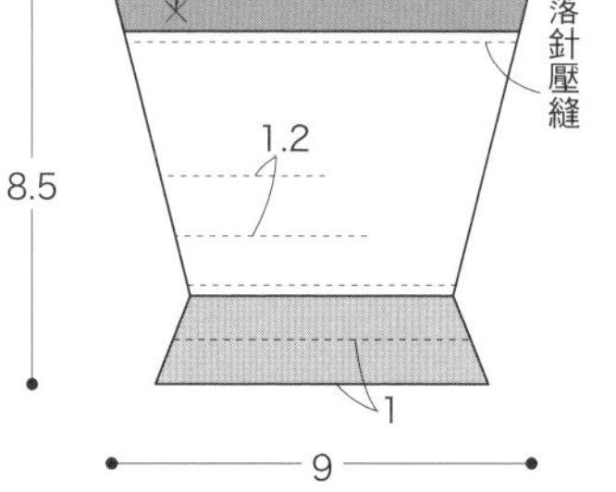

※預留縫份0.7cm。

立體花瓣16片
※作法相同。

2片正面相對疊合，縫合後翻回正面。

串縫8片構成輪狀。

將花心疊在花瓣中央，縫在表布上。

〈作法相同〉

❶ 製作前、後片。

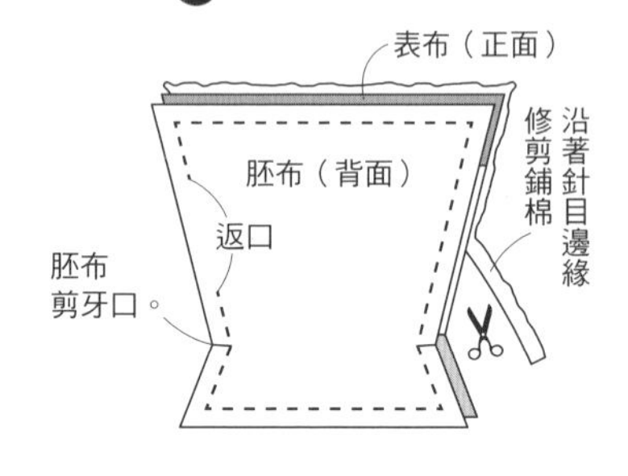

①表布與胚布分別疊合鋪棉，正面相對疊合，縫合後翻回正面。
②縫合返口後進行壓線。

❷ 縫合前、後片。

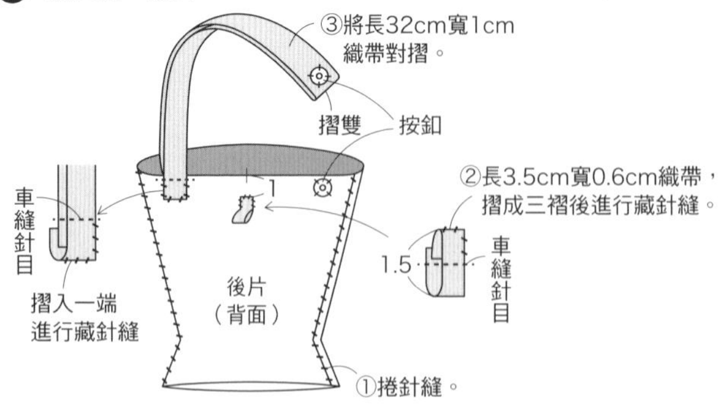

①前片與後片正面相對疊合，
挑縫表布，以捲針縫縫合兩脇邊。
②後片背面固定釦絆。
③後片背面安裝提把。

❸ 安裝易拉釦。

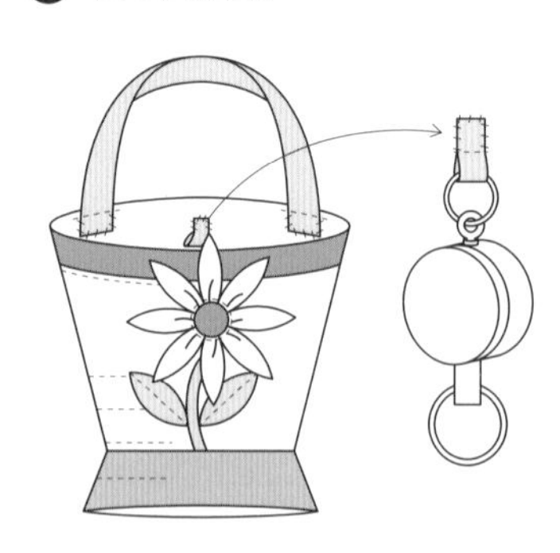

以釦絆套住小型易拉釦的圓環。

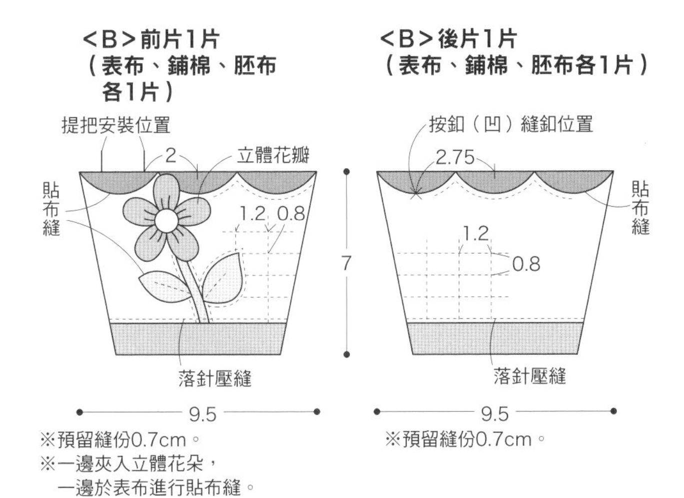

<B>前片1片
（表布、鋪棉、胚布
各1片）
提把安裝位置
2
立體花瓣
貼布縫
1.2
0.8
7
落針壓縫
9.5
※預留縫份0.7cm。
※一邊夾入立體花朵，
一邊於表布進行貼布縫。
<B>後片1片
（表布、鋪棉、胚布各1片）
按釦（凹）縫釦位置
2.75
貼布縫
1.2
0.8
落針壓縫
9.5
※預留縫份0.7cm。

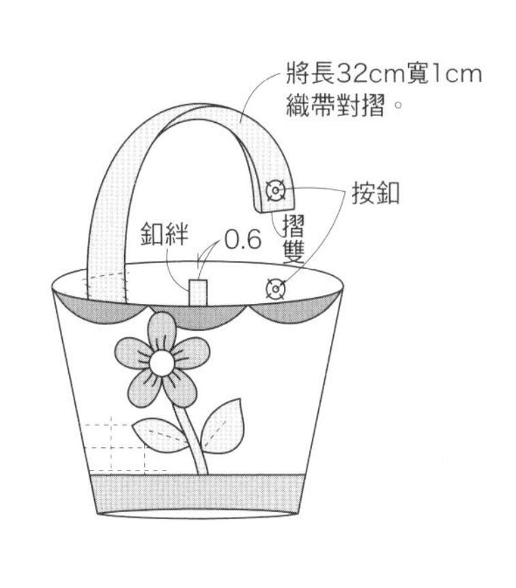

將長32cm寬1cm
織帶對摺。
按釦
釦絆
0.6
摺雙

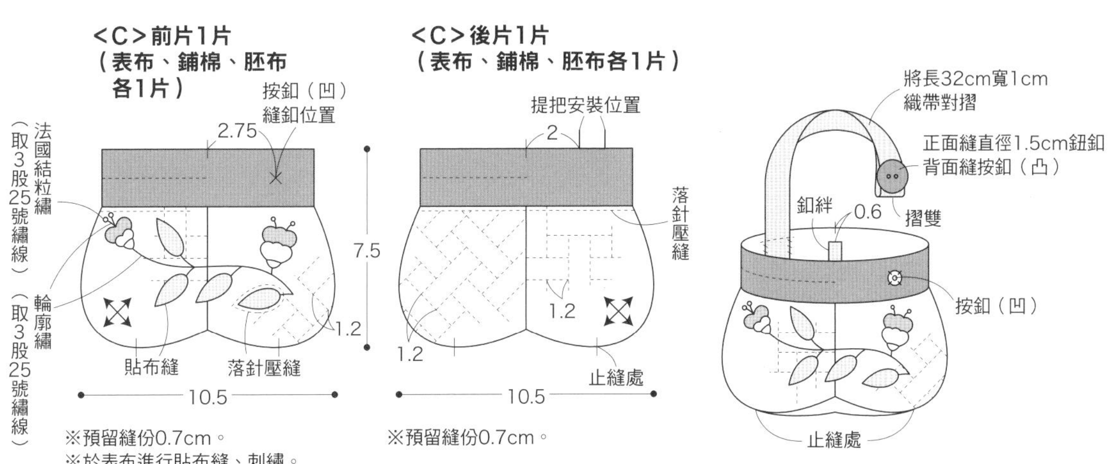

<C>前片1片
（表布、鋪棉、胚布
各1片）
按釦（凹）
縫釦位置
2.75
法國結粒繡
（取3股25號繡線）
輪廓繡
（取3股25號繡線）
1.2
貼布縫
落針壓縫
10.5
※預留縫份0.7cm。
※於表布進行貼布縫、刺繡。
<C>後片1片
（表布、鋪棉、胚布各1片）
提把安裝位置
2
7.5
落針壓縫
1.2
1.2
止縫處
10.5
※預留縫份0.7cm。
將長32cm寬1cm
織帶對摺
正面縫直徑1.5cm鈕釦
背面縫按釦（凸）
釦絆
0.6
摺雙
按釦（凹）
止縫處

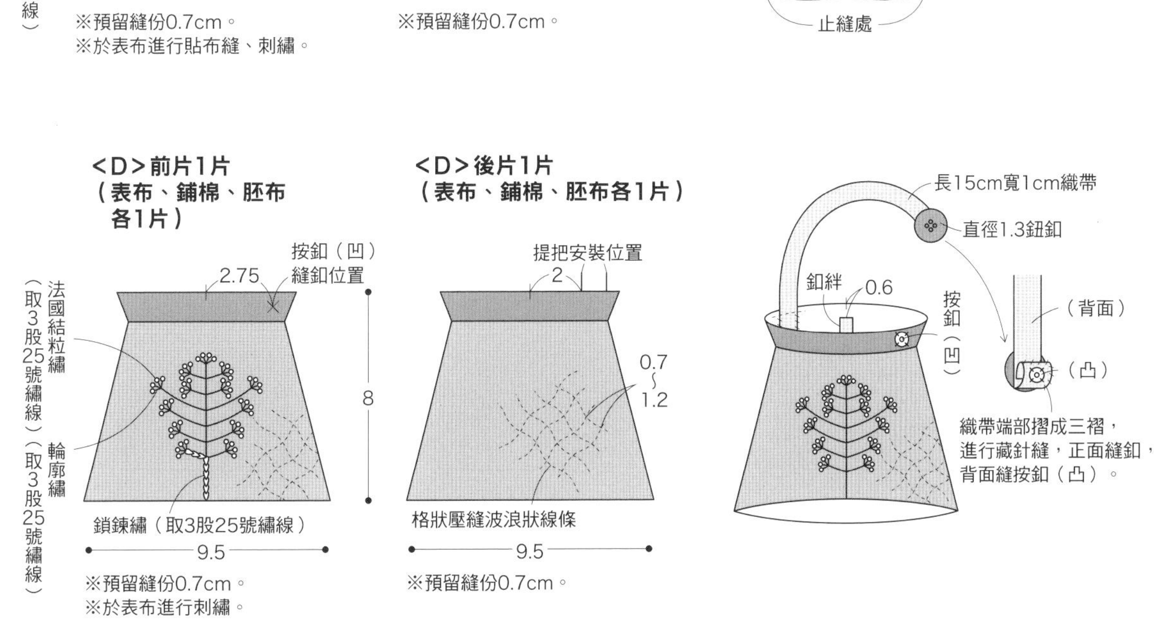

<D>前片1片
（表布、鋪棉、胚布
各1片）
按釦（凹）
縫釦位置
2.75
法國結粒繡
（取3股25號繡線）
輪廓繡
（取3股25號繡線）
鎖鍊繡（取3股25號繡線）
9.5
※預留縫份0.7cm。
※於表布進行刺繡。
<D>後片1片
（表布、鋪棉、胚布各1片）
提把安裝位置
2
8
0.7
1.2
格狀壓縫波浪狀線條
9.5
※預留縫份0.7cm。
長15cm寬1cm織帶
直徑1.3鈕釦
釦絆
0.6
按釦（凹）
（背面）
（凸）
織帶端部摺成三褶，
進行藏針縫，正面縫釦，
背面縫按釦（凸）。

帽子造型波奇包（平頂帽）

P.8

▶

●材料
・表布（包含裡布部分）35×25cm
・單膠鋪棉、厚接著襯各25×15cm
・接著襯10×10cm
・長20cm拉鍊1條
・寬0.7cm波形織帶35cm
・25號紅色繡線、拉鍊拉鍊裝飾用組件各適量

●完成尺寸　2.5×直徑10cm

表布1片（表布、單膠鋪棉、接著襯、裡布各1片）

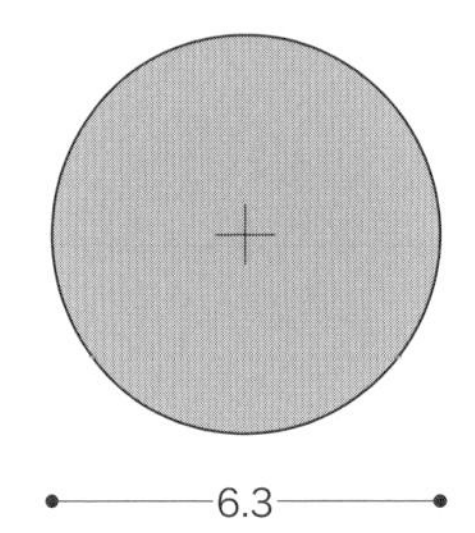

※預留縫份0.7cm。
※原寸裁剪單膠鋪棉、接著襯。

帽簷1片（表布、單膠鋪棉、厚接著襯、裡布各1片）

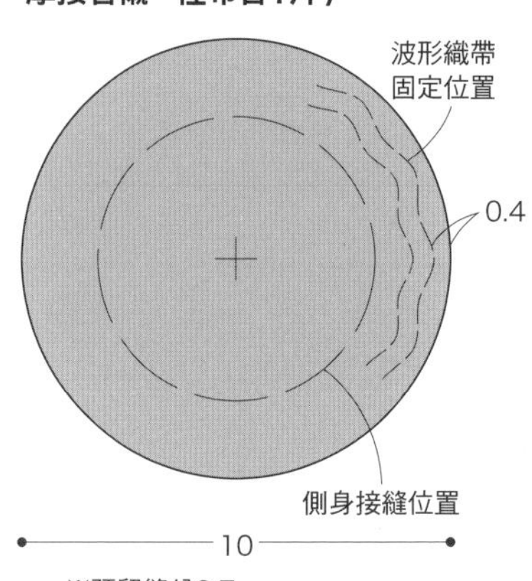

※預留縫份0.7cm。
※原寸裁剪單膠鋪棉、接著襯。

直線繡

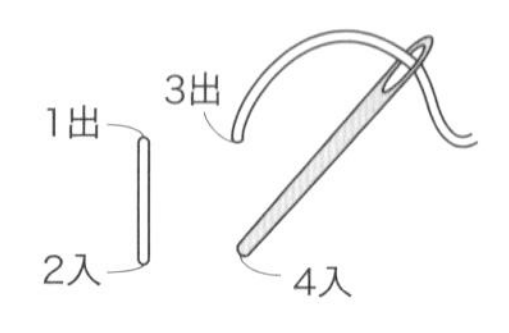

雛菊繡

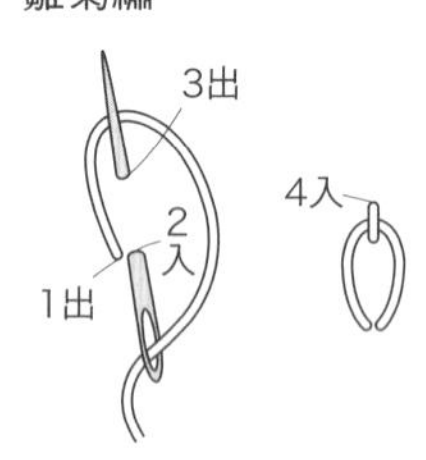

側身1片（表布、厚接著襯、單膠鋪棉、裡布各1片）

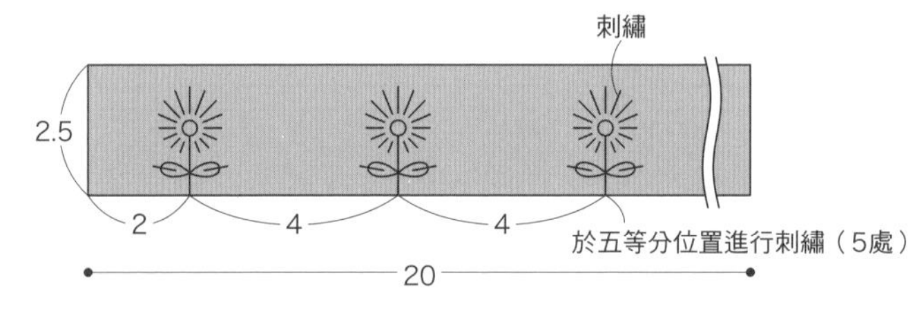

※預留縫份0.7cm。
※原寸裁剪厚接著襯、單膠鋪棉。
※疊合四層後，進行刺繡。

❶ 製作各部位。

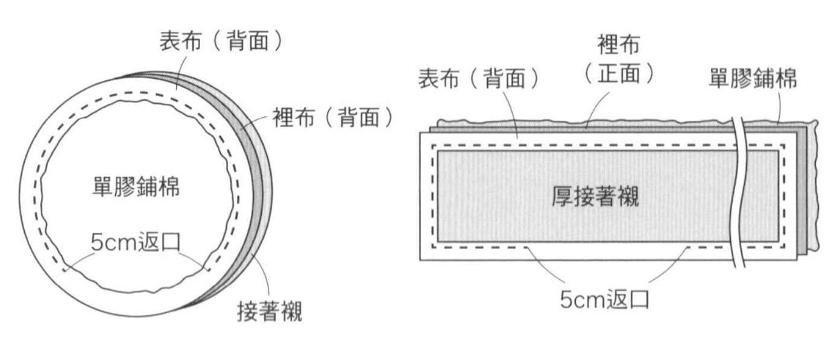

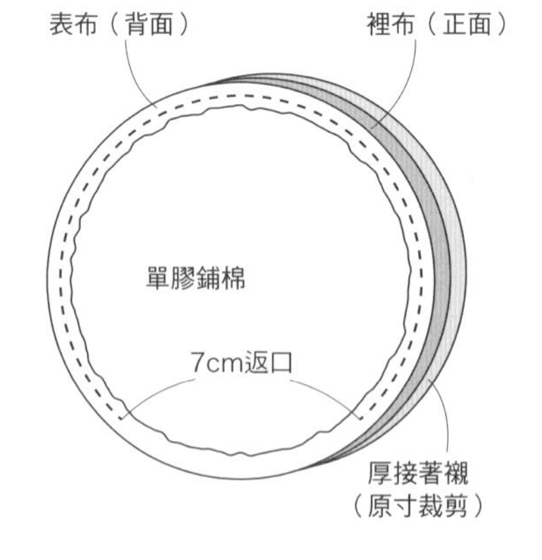

表布與裡布正面相對疊合，縫合後翻回正面，縫合返口。
側身進行刺繡。

❷ 安裝拉鍊。

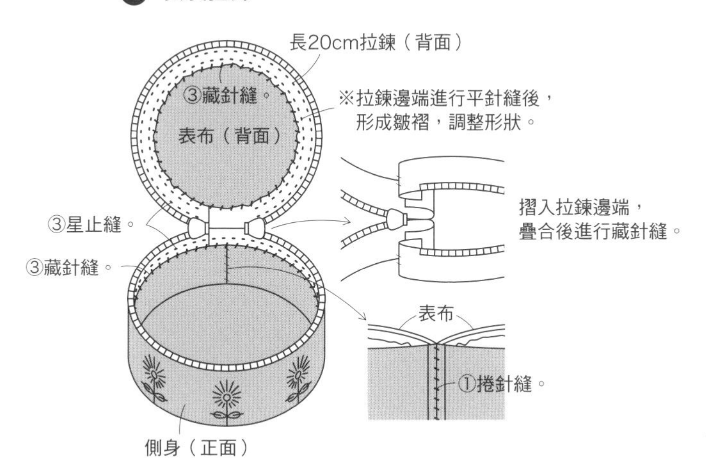

①側身正面相對疊合，挑縫表布，進行捲針縫。
②拉鍊邊端對齊側身接縫處後，
將拉鍊疊在內側※此時，表布與側身表布開口
必須看得到鍊齒。
③以星止縫縫住拉鍊。

❸ 接縫帽簷。

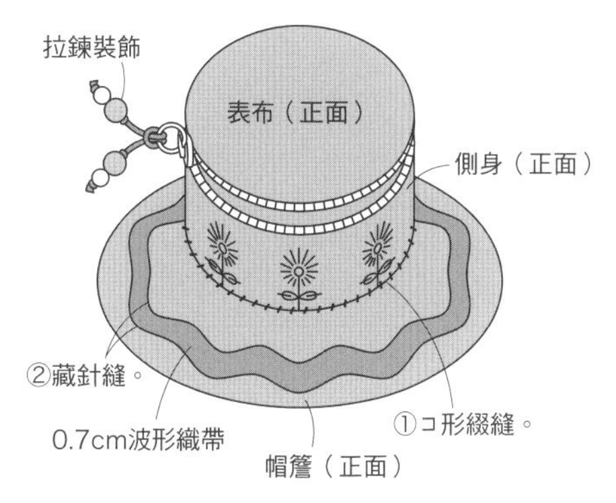

①縫合側身與帽簷。
②帽簷周圍縫波形織帶。

拉鍊裝飾

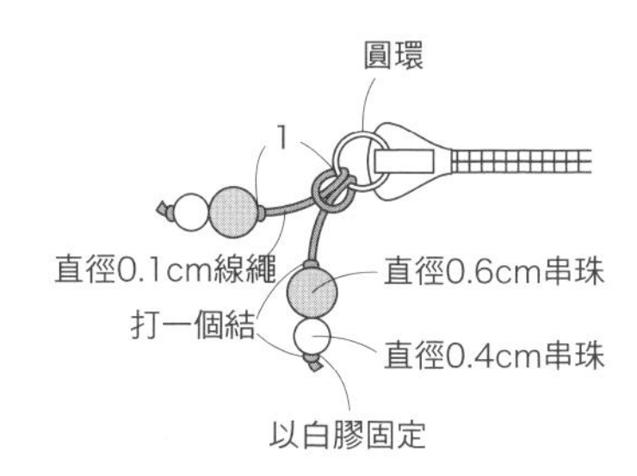

將線繩套在圓環上，分別打結，
穿入圓珠，再打結。

刺繡圖案

※皆取2股25號繡線。

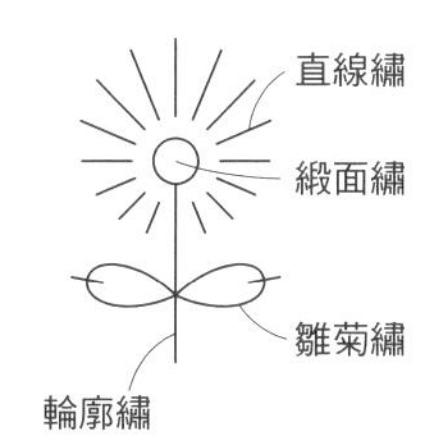

原寸紙型

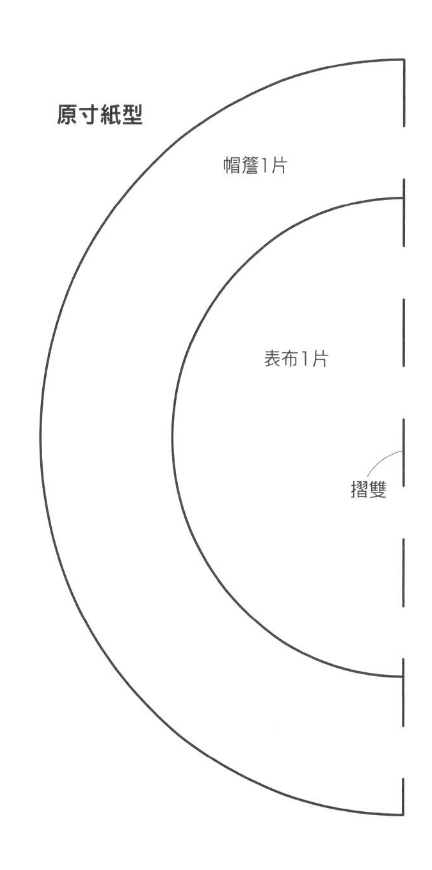

帽子造型波奇包（針織帽）

P.8

▶原寸紙型A面②

●材料

・貼布縫用毛絨布15×15cm
・表布（包含裡布部分）30×30cm
・單膠鋪棉30×15cm
・長22cm拉鍊1條
・直徑1至1.2cm鈕釦12個
・5號繡線 適量
・25號繡線 適量

●完成尺寸 9×11.5cm

前、後片各1片
（表布、單膠鋪棉、裡布各2片）

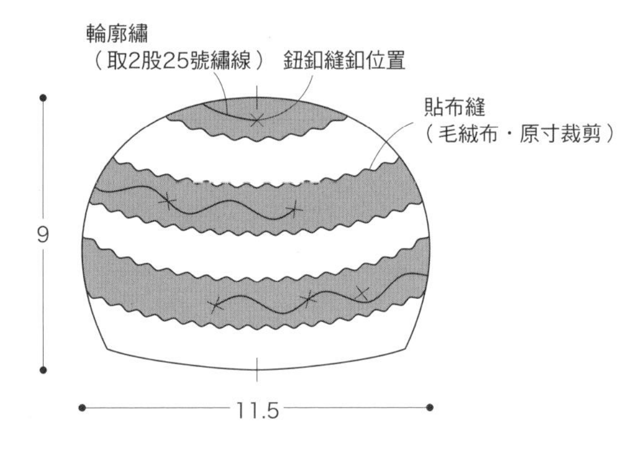

※預留縫份0.7cm。
※原寸裁剪單膠鋪棉。
※於表布進行貼布縫、刺繡。

袋底1片
（表布、單膠鋪棉、裡布各1片）

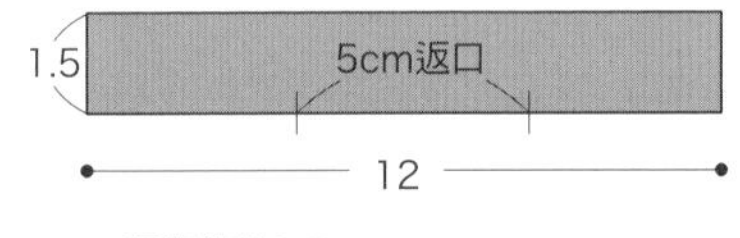

※預留縫份0.7cm。
※原寸裁剪單膠鋪棉。

❶ 製作前片與後片。

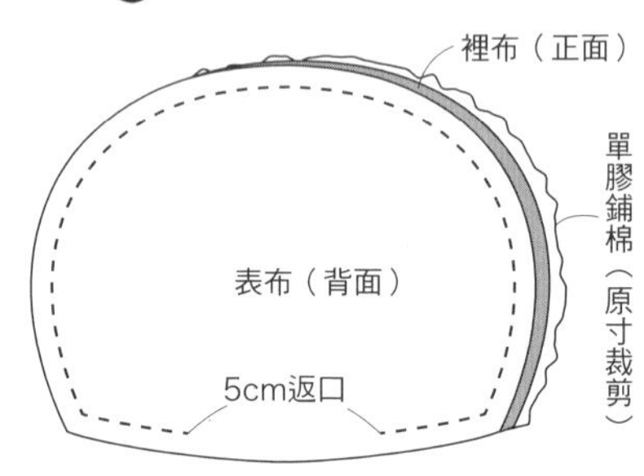

表布與黏貼接著襯的裡布正面相對疊合，
縫合後翻回正面，縫合返口。
※袋底側身以相同作法縫合。

❷ 安裝拉鍊。

長22cm拉鍊（背面）
星止縫。
藏針縫。
後片
裡布（正面）
前片
裡布（正面）
摺入拉鍊端部

打開拉鍊，對齊前片、後片與拉鍊中心，
表面看得到鍊齒，疊在裡布側，
安裝拉鍊。

❸ 縫合本體。

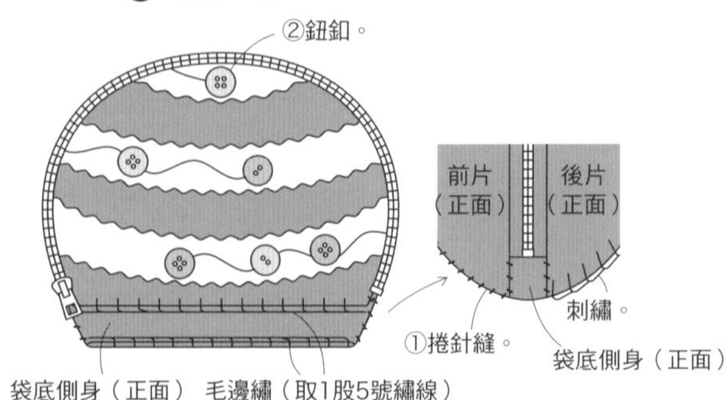

①前片、後片與袋底側身正面相對疊合，
挑縫表布，進行捲針縫。
②挑縫至鋪棉，縫住鈕釦。
③進行刺繡，裝飾袋底針目。

帽子造型波奇包（鴨舌帽）

P.8

原寸紙型A面③

●材料
・各式拼接用布片2種
・單膠鋪棉、裡布各30×10cm
・長14cm拉鍊1條
・寬2cm棉質織帶25cm
・直徑1.8cm鈕釦1個
・拉鍊裝飾用組件適量

●完成尺寸　7×11.5cm

前、後片左右對稱各1片（表布、單膠鋪棉、裡布各2片）

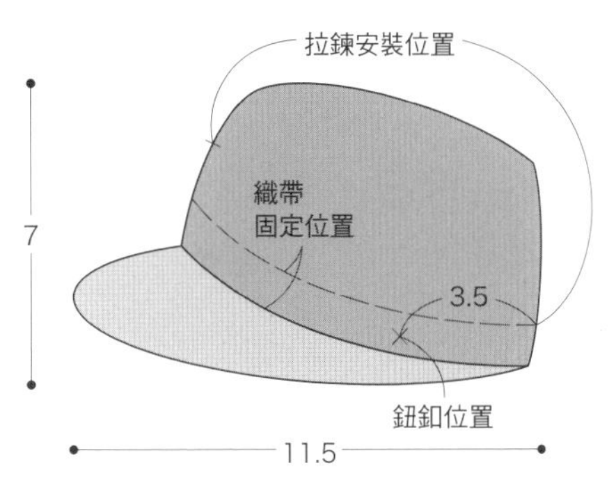

※預留縫份0.7cm。
※左右對稱各裁剪1片。
※原寸裁剪單膠鋪棉。
※只有前側縫釦。

拉鍊裝飾

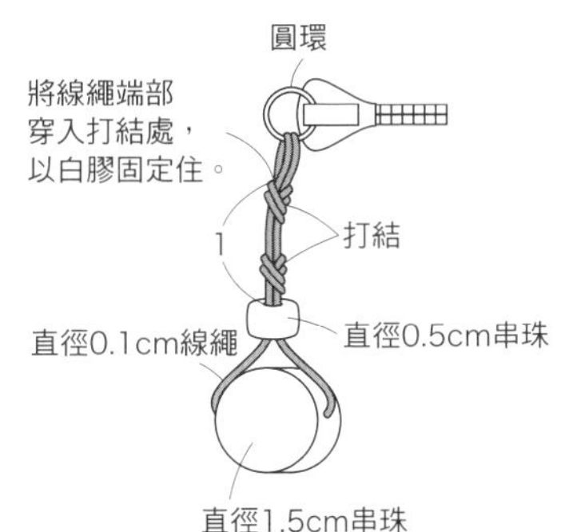

線繩穿入串珠後打結，
穿過圓環後，
將線繩端部穿入打結處。

❶ 製作前片與後片。

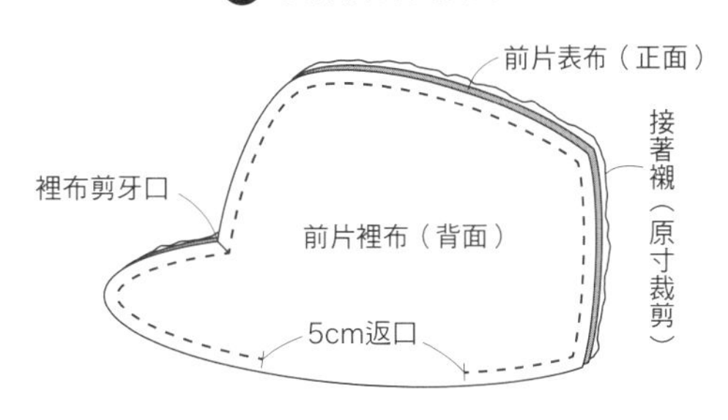

前片表布與裡布正面相對疊合，
縫合後翻回正面，縫合返口。
※後片同樣縫合。

❷ 安裝拉鍊。

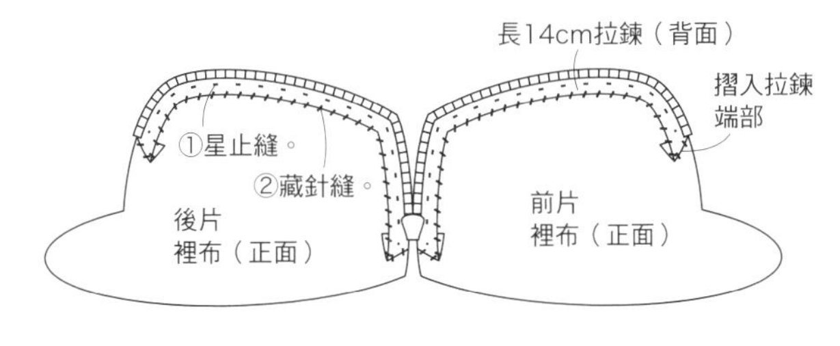

打開拉鍊，露出鍊齒，
疊在胚布側，安裝拉鍊。

❸ 縫合本體。

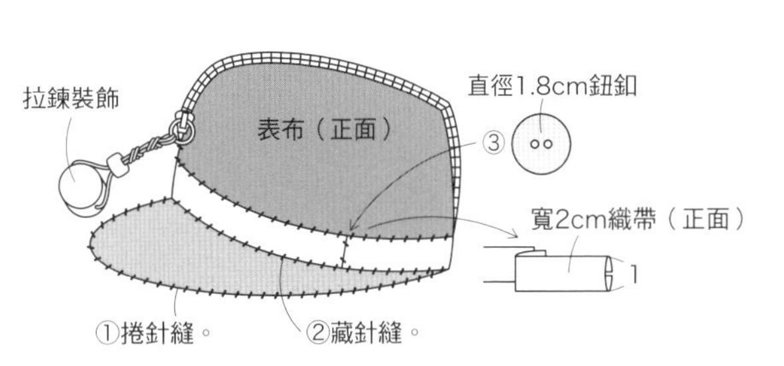

①前片與後片正面相對疊合，挑縫表布，
周圍進行捲針縫。
②寬2cm織帶，摺疊兩端後，以藏針縫繞縫一整圈。
③將鈕釦縫在織帶重疊處。

鞋子造型波奇包　P.9

▶原寸紙型A面④

●材料

（A）
- 貼布縫用布片
- 前、後用表布各10×20cm
- 胚布、鋪棉各20×20cm
- 長12cm拉鍊1條
- 寬1cm蕾絲5cm
- 直徑1.3cm拉鍊裝飾用串珠1顆
- 直徑0.1cm拉鍊裝飾用蠟繩10cm
- 寬1cm吊耳用皮革4cm

（B）
- 貼布縫用布片
- 前片、後片用表布各10×20cm
- 胚布、鋪棉各20×20cm
- 長8cm拉鍊1條
- 直徑0.8cm拉鍊裝飾用琉璃珠1顆
- 直徑0.1cm拉鍊裝飾用蠟繩10cm
- 25號繡線適量

（C）
- 貼布縫用布片
- 前片、後片用表布各10×15cm
- 胚布、鋪棉各20×15cm
- 長8cm拉鍊1條
- 寬1.5cm拉鍊裝飾用心形小裝飾1個
- 直徑0.1cm拉鍊裝飾用蠟繩10cm
- 25號繡線適量

（D）
- 表布、胚布、鋪棉各20×15cm
- 長8cm拉鍊1條
- 直徑0.1cm蠟繩30cm
- 25號繡線適量

●作法重點

（相同）本體前片與後片安裝拉鍊後，正面相對疊合對齊，由正面開始進行捲針縫，縫合周圍。

●完成尺寸

12至14.4×5.2至6.5cm

前片、後片左右對稱各1片（表布、鋪棉、胚布各2片）

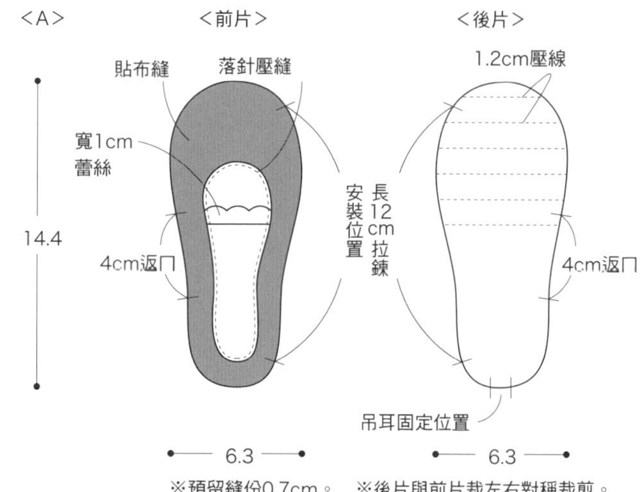

※預留縫份0.7cm。　※後片與前片裁左右對稱裁剪。

前片、後片左右對稱各1片（表布、鋪棉、胚布各2片）

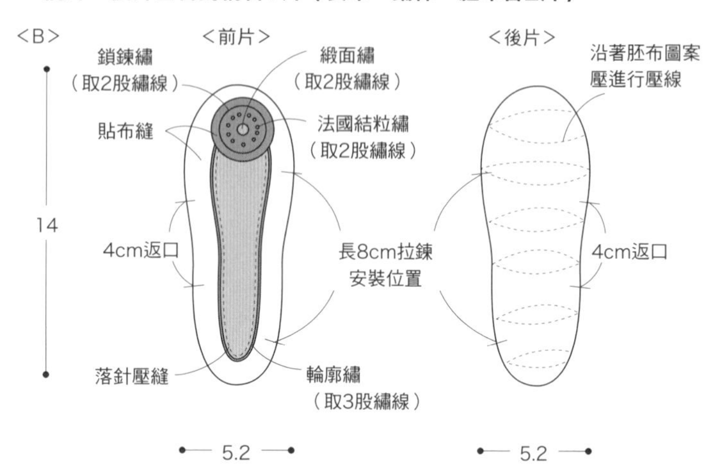

※預留縫份0.7cm。　※後片與前片裁左右對稱裁剪。

前片、後片左右對稱各1片（表布、鋪棉、胚布各2片）

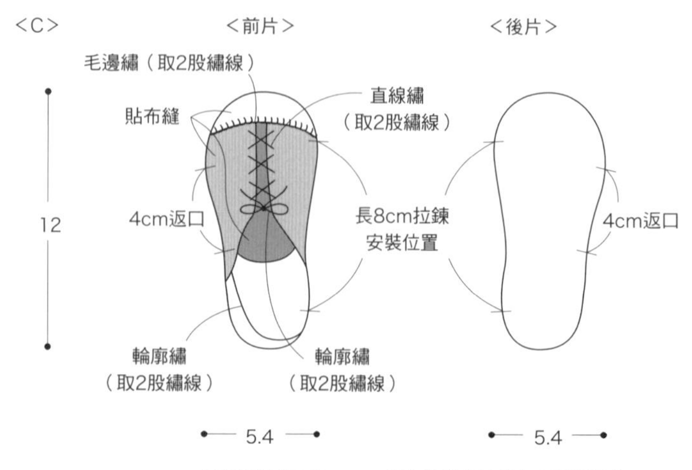

※預留縫份0.7cm。　※後片與前片裁左右對稱裁剪。

前片、後片左右對稱各1片（表布、鋪棉、胚布各2片）

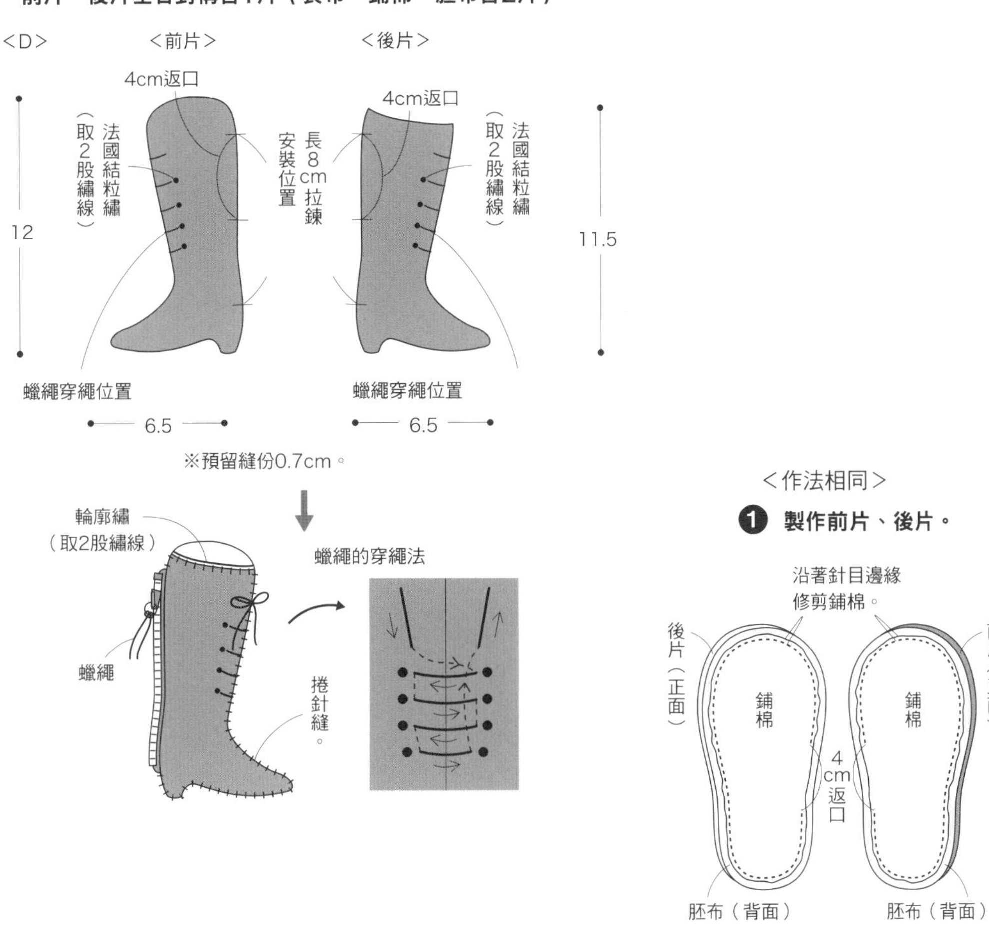

表布與胚布正面相對疊合，
疊合鋪棉，
預留返口後縫合周圍。

❷ 翻回正面後進行壓縫。

落針壓縫
1.2cm壓線
コ形綴縫
コ形綴縫
前片（正面）
後片（正面）

翻回正面，縫合返口，
進行壓縫。

❸ 安裝拉鍊。

端部摺向本體側
長12cm拉鍊（背面）
後片（背面）
前片（背面）
暫時固定
吊耳對摺
藏針縫。

正面看得到鍊齒，
正面相對疊合，
進行縫合。

❹ 本體進行捲針縫。

直徑1.3cm串珠
（正面）
捲針縫。
蠟繩
1

挑縫表布
本體周圍
進行捲針縫。

迷你沙發
（組裝口袋）

P.12

▶靠背、座面、扶手原寸紙型A面⑤

●材料

・各式口袋用拼接用布片
・口袋用胚布20×10cm
・表布65×35cm
・厚接著襯30×20cm
・厚2.5cm海綿20×10cm
・厚1.5cm海綿25×20cm
・直徑1cm木珠4顆
・毛氈適量

●作法重點

靠背、扶手外側、座面底側的表布背面，分別黏貼同寸厚接著襯（原寸裁剪）。

●完成尺寸　10.5×16×8.5cm

口袋1片（表布、胚布各1片）

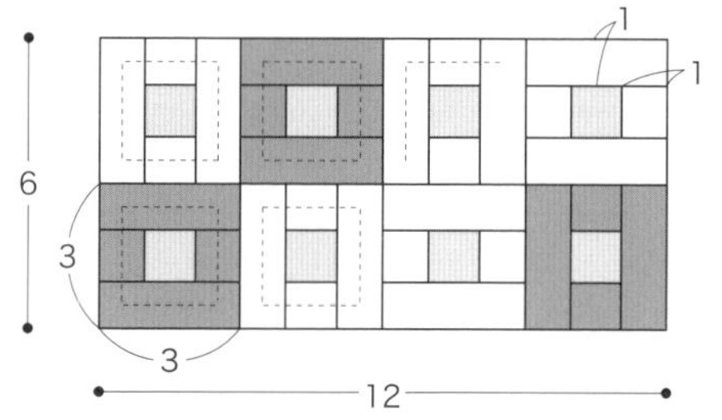

※預留縫份0.7cm。

靠背1個
（表布2片、厚接著襯、海綿各1片）

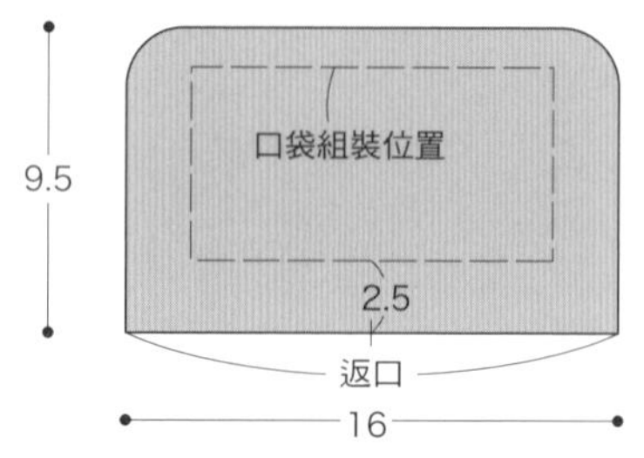

※預留縫份1.5cm。
※原寸裁剪厚接著襯（外側背部用）、厚1.5cm海綿。

座面1個
（表布2片、厚接著襯、海綿各1片）

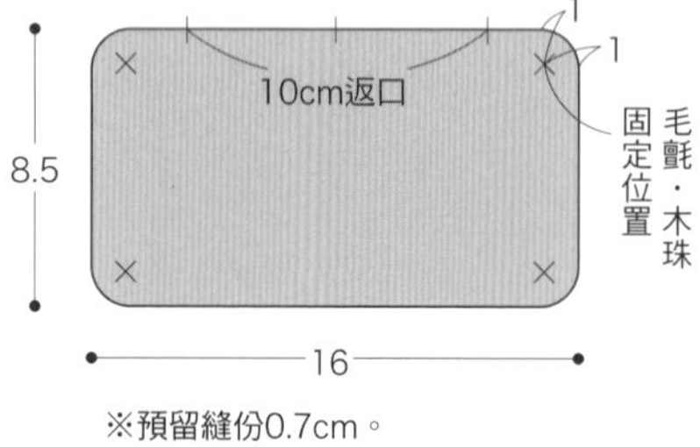

※預留縫份0.7cm。
※原寸裁剪厚接著襯（底側用）、厚2.5cm海綿。

扶手左右對稱各1個
（表布4片、厚接著襯、海綿各2片）

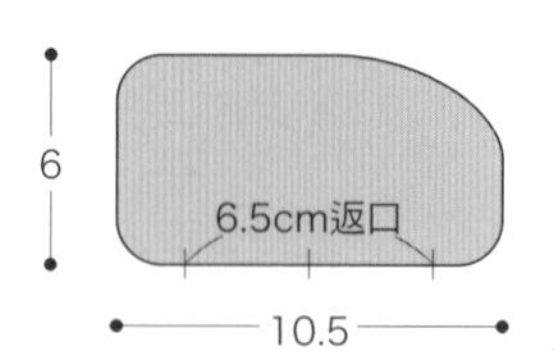

※預留縫份0.7cm。
※左右對稱表布各2片，原寸裁剪厚接著襯（內側用）各1片。
※原寸裁剪厚1.5cm海綿。

座面側面1片

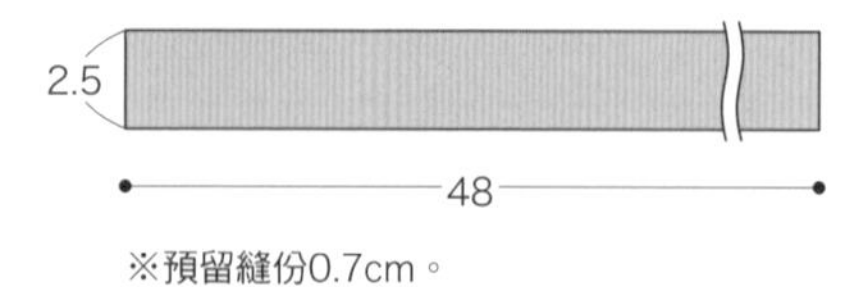

※預留縫份0.7cm。

扶手側面2片

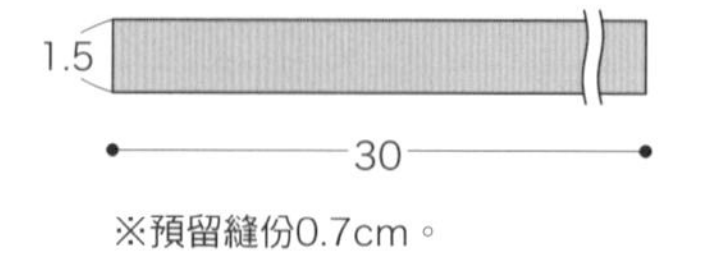

※預留縫份0.7cm。

❶ 製作靠背。

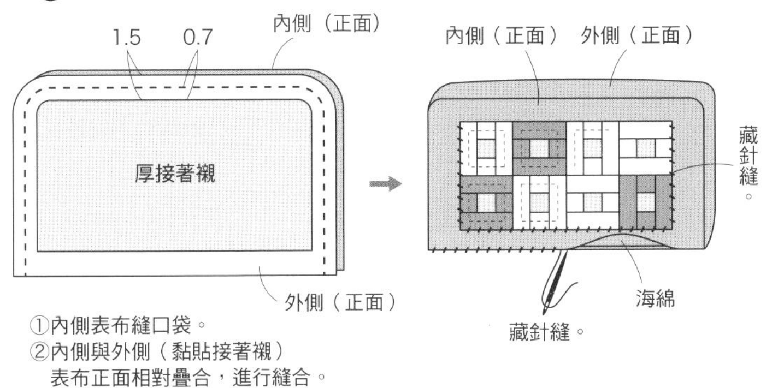

①內側表布縫口袋。
②內側與外側（黏貼接著襯）
　表布正面相對疊合，進行縫合。
③翻回正面，放入海綿，縫合返口。

口袋

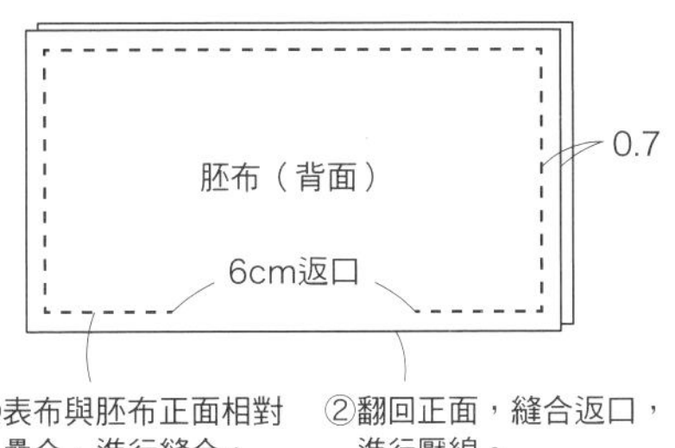

①表布與胚布正面相對疊合，進行縫合。
②翻回正面，縫合返口，進行壓線。

❷ 製作座面＆扶手。

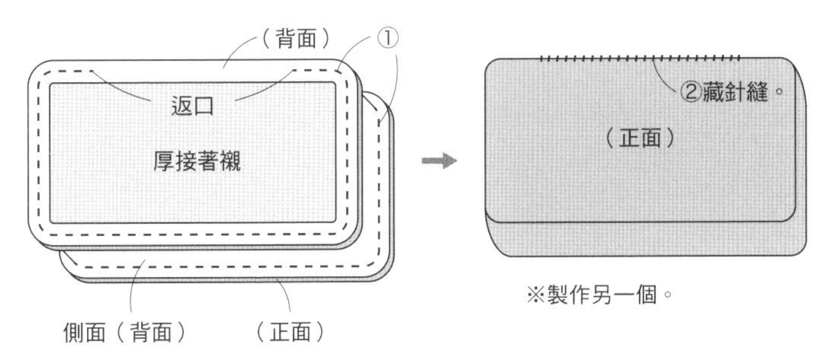

※製作另一個。

①內側、外側的表布與側面正面相對疊合，進行縫合。
②翻回正面，放入海綿，縫合返口。
※座面的底面、底側，扶手的內側表布分別黏貼厚接著襯。

❸ 各部位分別塗抹白膠後組合。

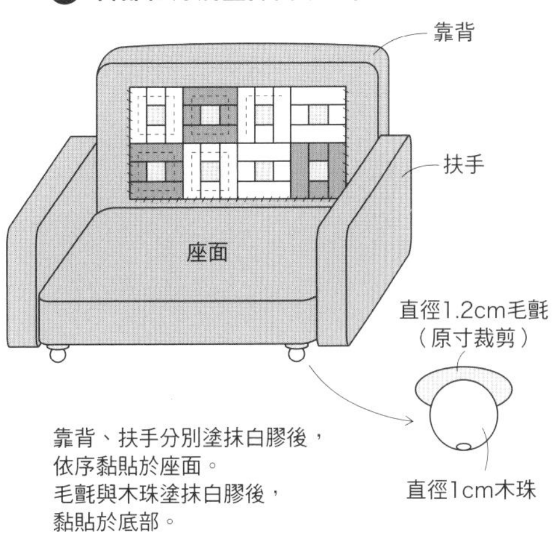

靠背、扶手分別塗抹白膠後，
依序黏貼於座面。
毛氈與木珠塗抹白膠後，
黏貼於底部。

迷你沙發
（手機座）

P.12

▶靠背、前・後座面、座面補強布
原寸紙型A面⑥

●材料

・表布（包含補強布部分）90×35cm
・厚接著襯25×25cm
・厚4cm前座面用海綿15×10cm
・厚1.5海綿20×15cm
・抱枕用布15×10cm
・直徑1cm木珠4顆
・毛氈、棉花、25號紅色繡線、不織布類型薄接著襯各適量

●作法重點

靠背、扶手外側、座面口袋部分的表布背面，分別黏貼同寸厚接著襯（原寸裁剪）。

●完成尺寸　10.5×16×8.5cm

前座面1片（表布、厚接著襯各1片）

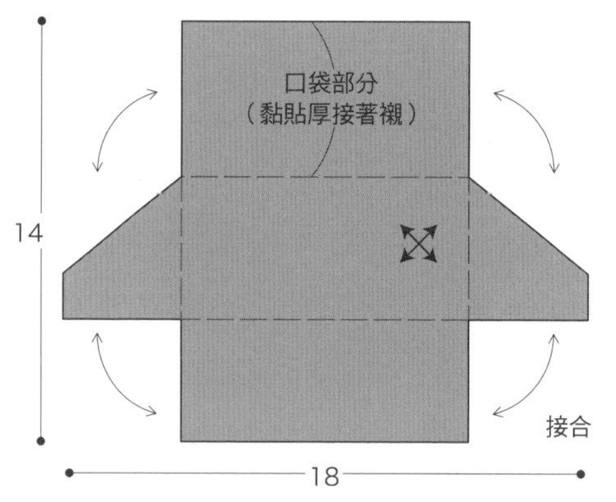

※預留縫份0.7cm。
※口袋部分的表布背面，
黏貼原寸裁剪的厚接著襯（5×10cm）。

扶手2個
（表布、補強布、厚接著襯、海綿各2片）

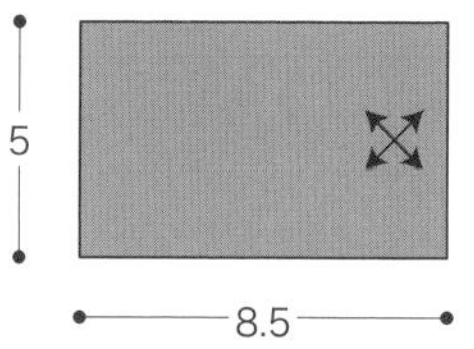

※表布預留縫份2.5cm。
※補強布預留縫份0.7cm。
※原寸裁剪厚接著襯、
厚1.5cm海綿。

靠背1個
（表布、厚接著襯各2片
海綿1片）

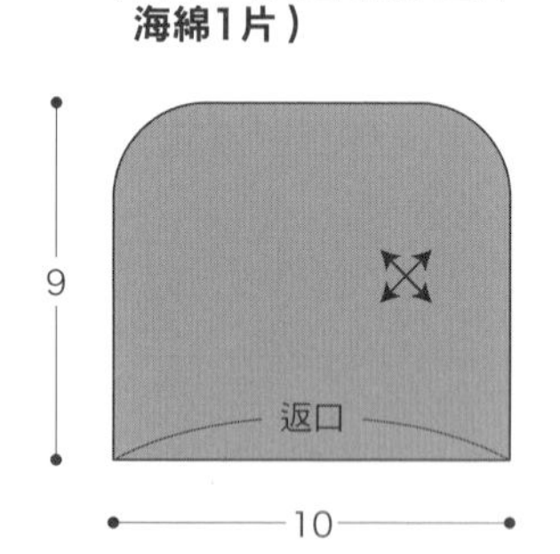

※預留縫份1.5cm。
※原寸裁剪厚接著襯、
厚1.5cm海綿。

後座面1片（表布、厚接著襯各1片）

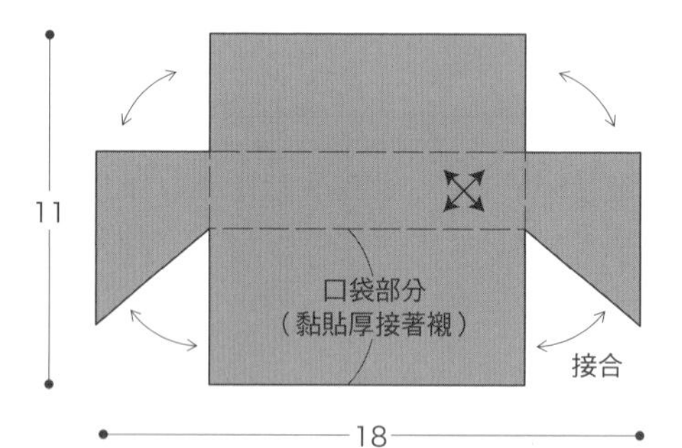

※預留縫份0.7cm。
※口袋部分的表布背面，黏貼原寸裁剪的
厚接著襯（4×10cm）。

座面補強布1片
（表布、厚接著襯各1片）

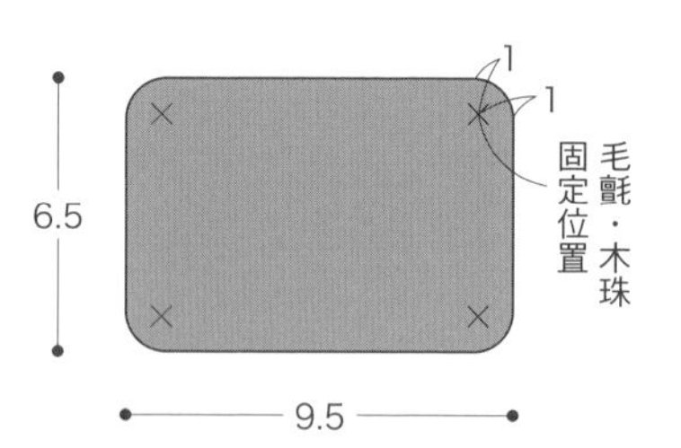

※預留縫份0.7cm。
※原寸裁剪厚接著襯。

抱枕2片

②法國結粒繡（繞線3次）
（取1股25號繡線）
②直線繡
（取1股25號繡線）

5

（正面）
（背面）
3cm返口

②輪廓繡
（取1股25號繡線）
①描畫圖案，鳥形部分
黏貼薄接著襯。

翻回正面，塞入棉花
縫合返口

7

※預留縫份0.7cm。
※1片進行刺繡。

座面補強布
※與扶手補強布相同。

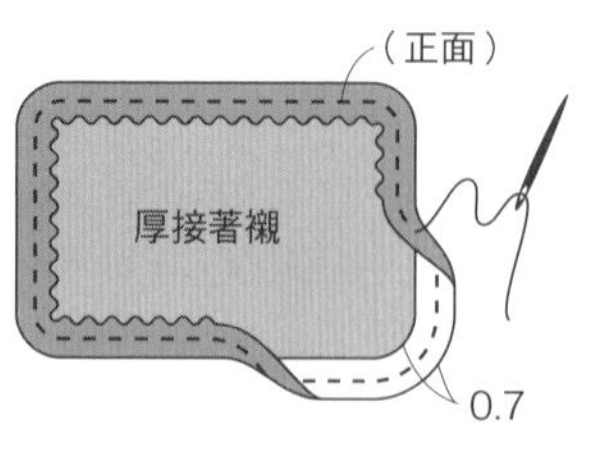

背面黏貼厚接著襯，
周圍進行平針縫，
拉緊縫線後打結。

❶ 製作靠背。

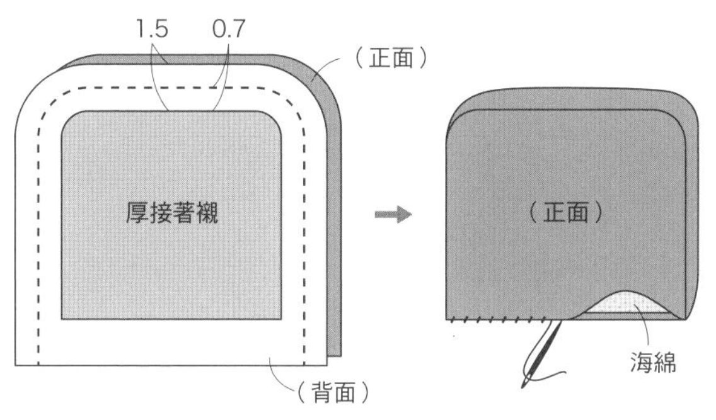

①2片正面相對疊合，進行縫合。
②翻回正面，放入海綿，縫合返口。

前座面海綿1片

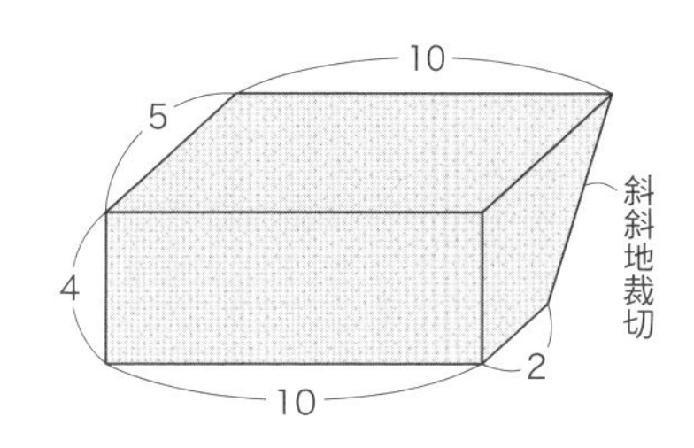

後座面海綿1片

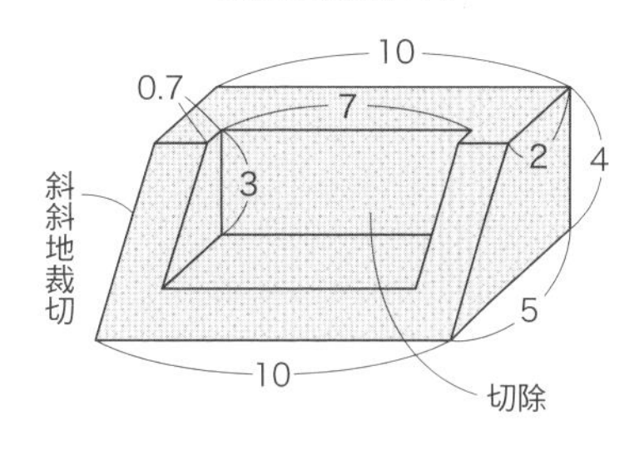

❷ 製作座面。

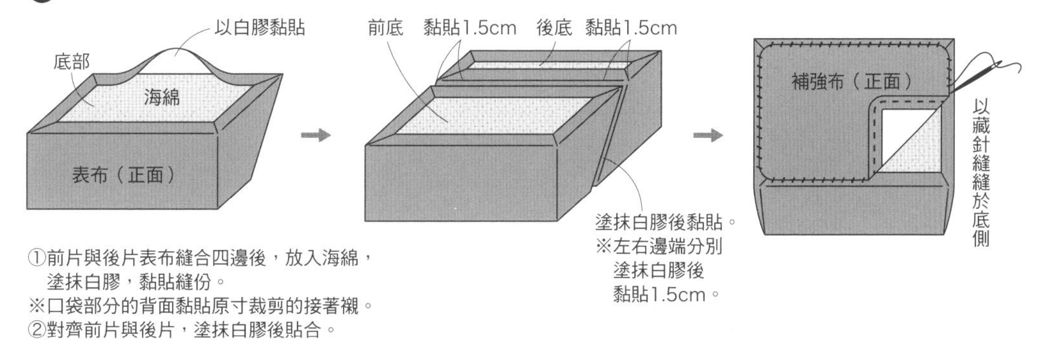

①前片與後片表布縫合四邊後，放入海綿，
塗抹白膠，黏貼縫份。
※口袋部分的背面黏貼原寸裁剪的接著襯。
②對齊前片與後片，塗抹白膠後貼合。
③底側以藏針縫縫上補強布。

❸ 製作扶手。

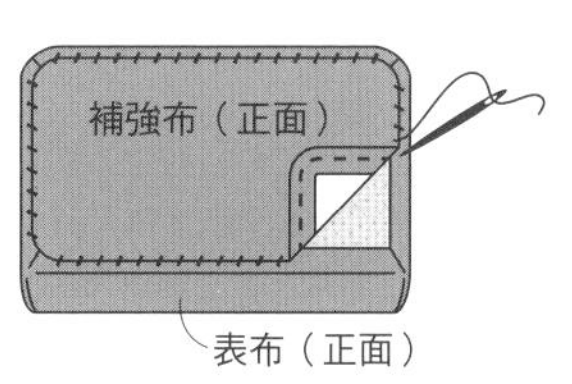

以表布包覆海綿，
塗抹白膠以黏貼縫份，
以藏針縫縫住補強布。

❹ 以白膠黏貼各部位。

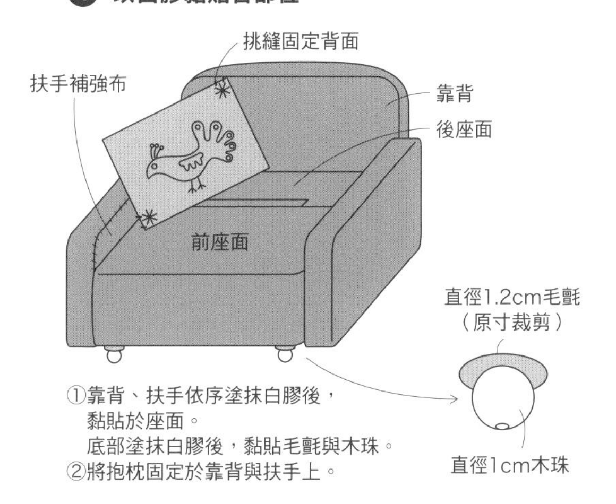

①靠背、扶手依序塗抹白膠後，
黏貼於座面。
底部塗抹白膠後，黏貼毛氈與木珠。
②將抱枕固定於靠背與扶手上。

拼布小品　P.14

●材料

（四角形拼接）
・各式拼接用布片
・鋪棉、胚布各35×35cm
・寬3.5cm包邊用斜布條130cm

（三角形拼接）
・各式拼接用布片
・鋪棉、胚布各35×35cm
・寬2.5cm包邊用斜布條130cm

（圖案）
・各式拼接用布片
・鋪棉、胚布各35×35cm
・寬3.5cm包邊用斜布條125cm

●完成尺寸

（四角形拼接）28.7×28.7cm
（三角形拼接）30×28cm
（圖案）28×28cm

紙片輔助式

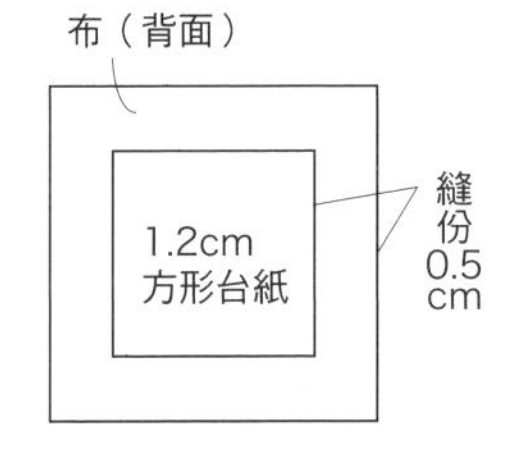

①布的背面疊合台紙。

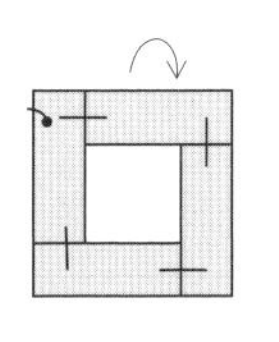

②摺疊縫份後疏縫固定。

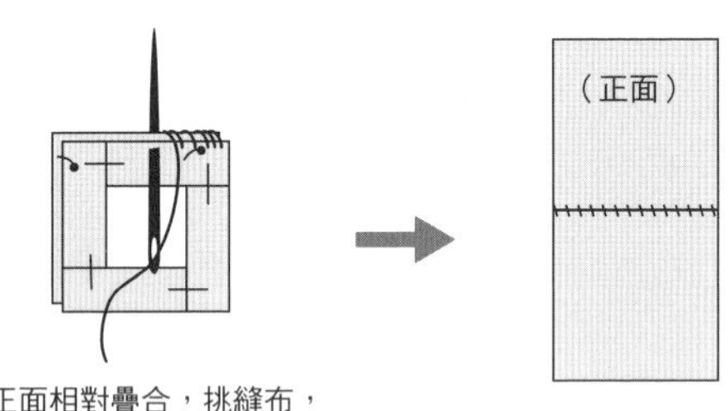

③正面相對疊合，挑縫布，進行捲針縫。

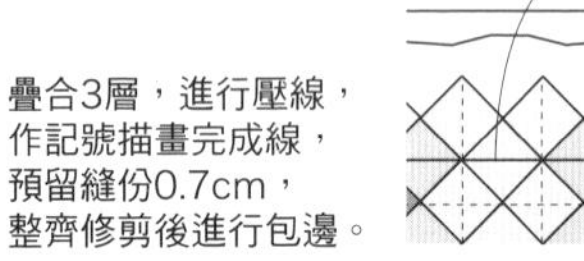

疊合3層，進行壓線，
作記號描畫完成線，
預留縫份0.7cm，
整齊修剪後進行包邊。

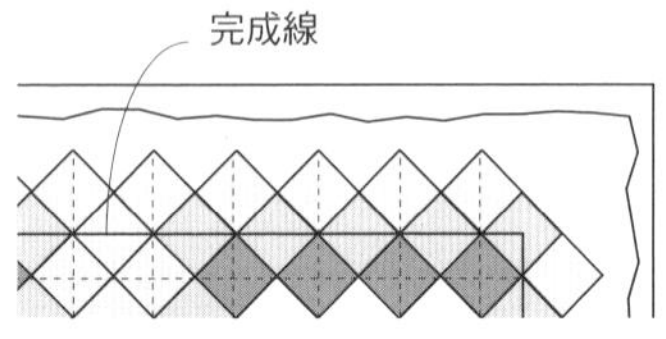

四角形拼接

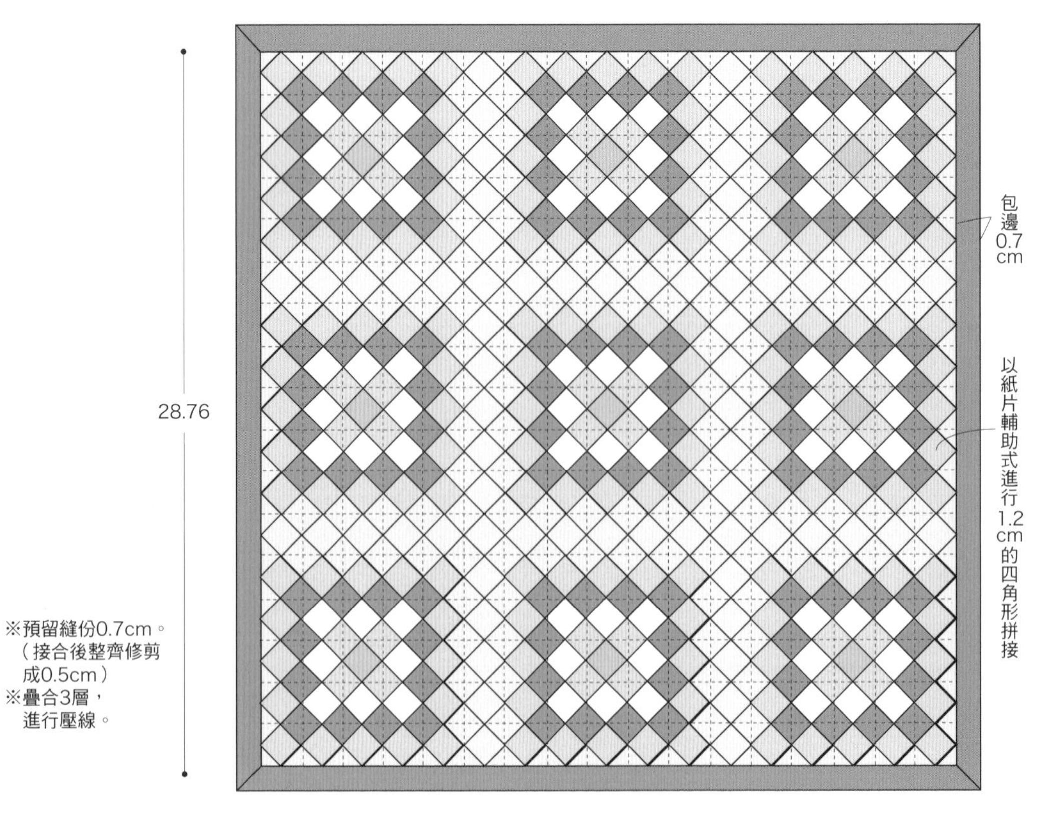

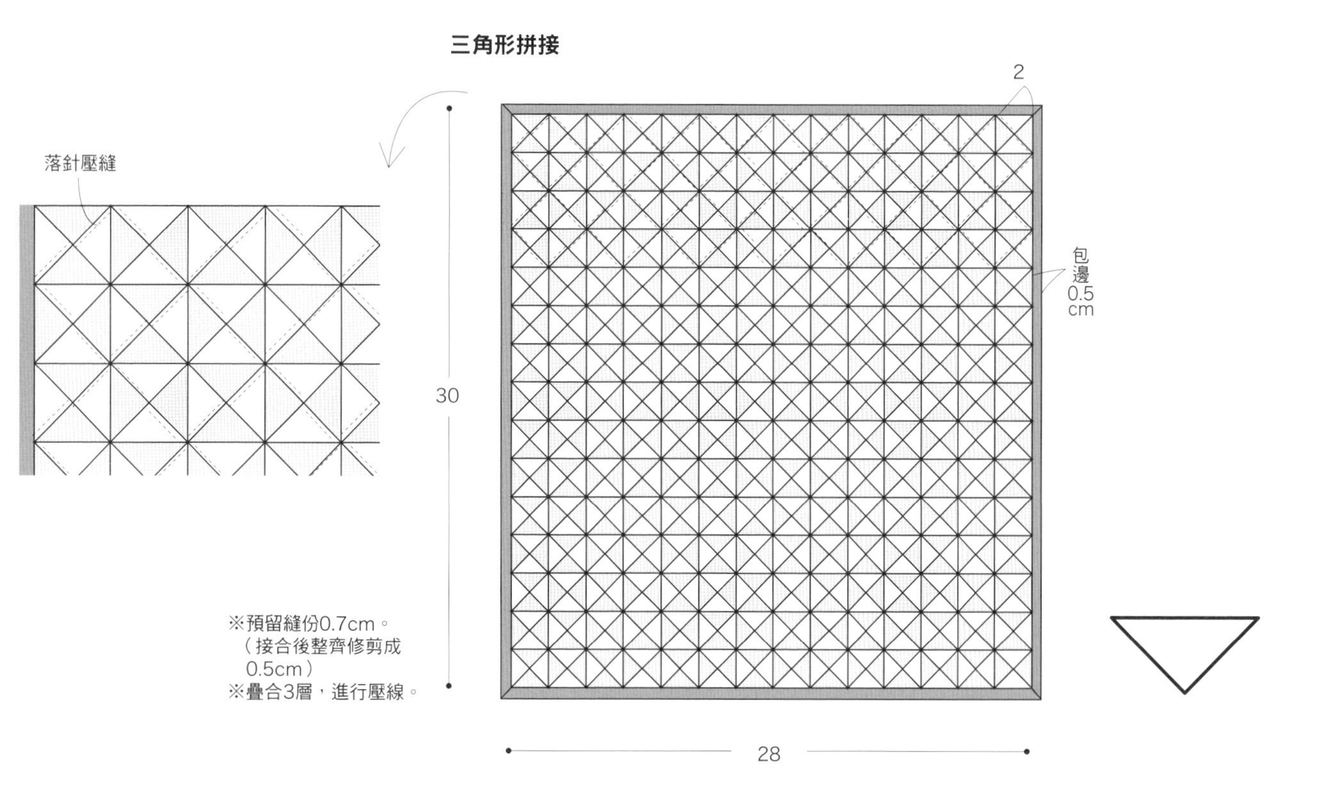
三角形拼接
落針壓縫
2
30
包
邊
0.5
cm
28
※預留縫份0.7cm。
（接合後整齊修剪成
0.5cm）
※疊合3層，進行壓線。

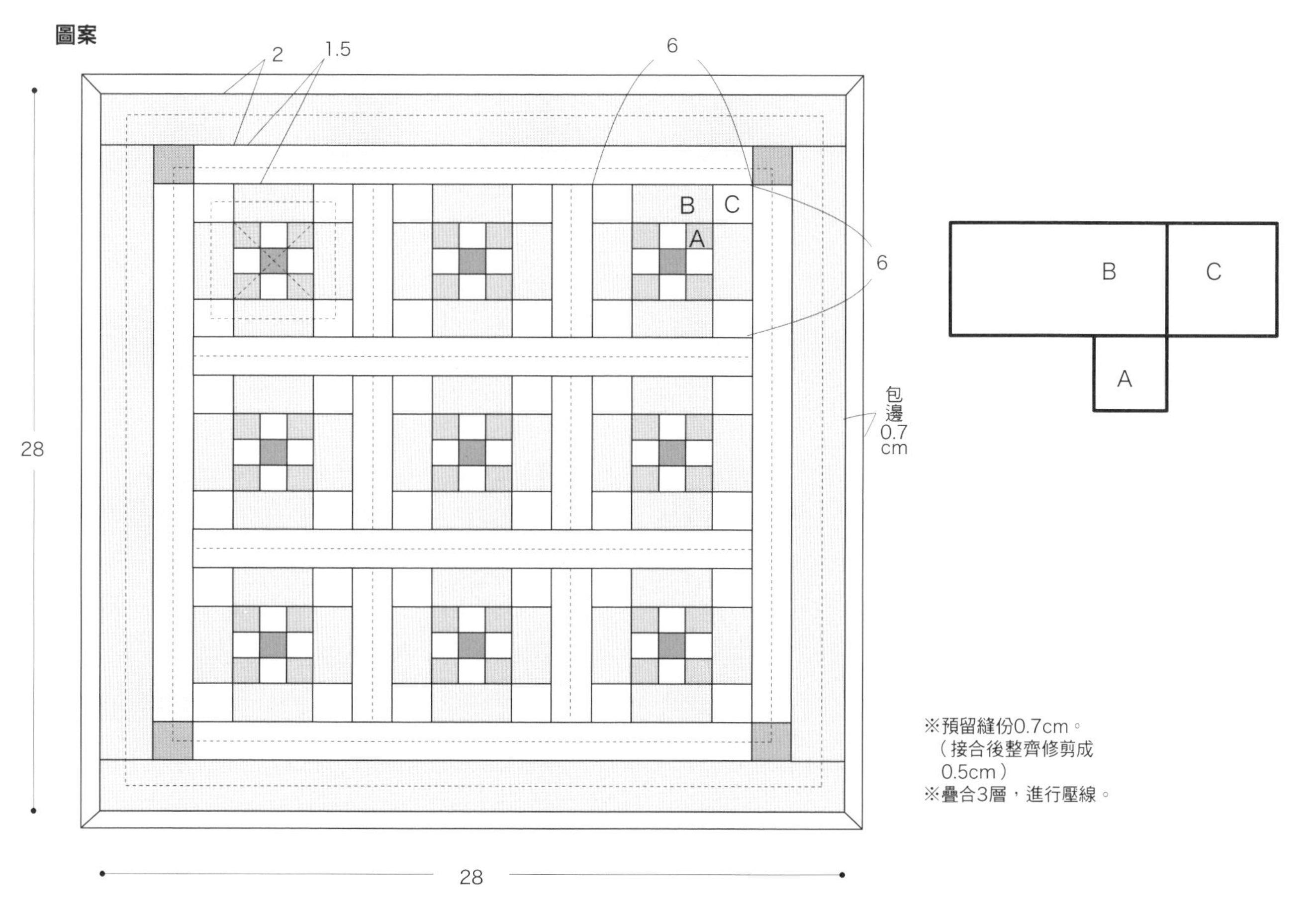
圖案
2
1.5
6
B
C
A
6
包
邊
0.7
cm
28
28
B
C
A
※預留縫份0.7cm。
（接合後整齊修剪成
0.5cm）
※疊合3層，進行壓線。

室內鞋 P.19

▶原寸紙型A面⑦

●**材料**
・各式拼接用布片
・鞋面用表布各30×20cm
・側面用表布各40×40cm
・外底表側用布、單膠鋪棉、補強布各30×30cm
・鋪棉45×40cm
・胚布（包含內底表布部分）90×45cm
・厚接著襯45×30cm
・包邊用布30×30cm
・2cm寬織帶35cm

●**作法重點**
預設完成尺寸為24.5cm。

●**完成尺寸**　長26cm

鞋面2片（表布、鋪棉、胚布各2片）

1.2
1.2
拼接後進行貼布縫
13.5
1.2
1
10.5

※預留縫份0.7cm。
※疊合3層，進行壓線。

外底左右對稱各1片（表布、單膠鋪棉、厚接著襯、補強布各2片）

內底左右對稱各1片（表布、厚接著襯各2片）

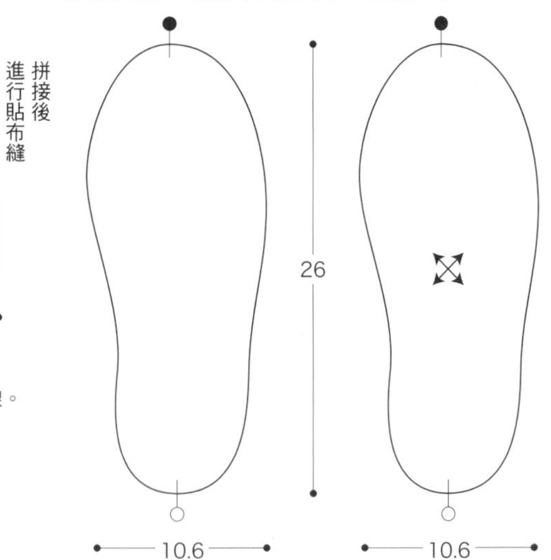

※預留縫份0.7cm。
※左右對稱，各裁剪1片。
※原寸裁剪厚接著襯。

※預留縫份0.7cm。
※左右對稱，各裁剪1片。
※原寸裁剪厚接著襯。

側面左右對稱各2片（表布、鋪棉、胚布各4片）

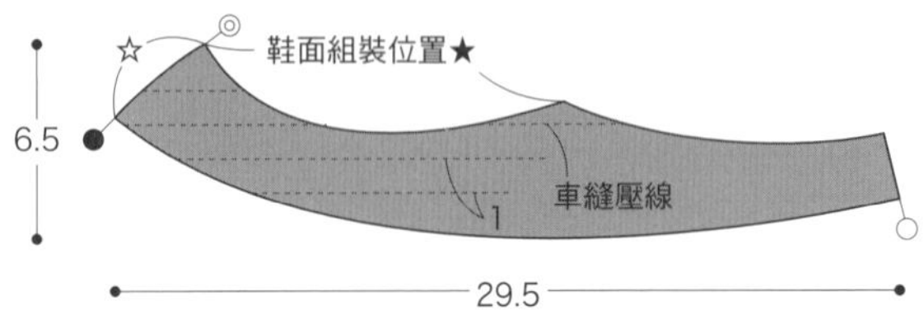

※預留縫份0.7cm，鞋面組裝位置的胚布★，與鞋尖其中一側的胚布☆，預留縫份1.5cm。
※左右對稱，各裁剪2片。
※疊合3層，進行車縫壓線。

❶ 製作鞋面。

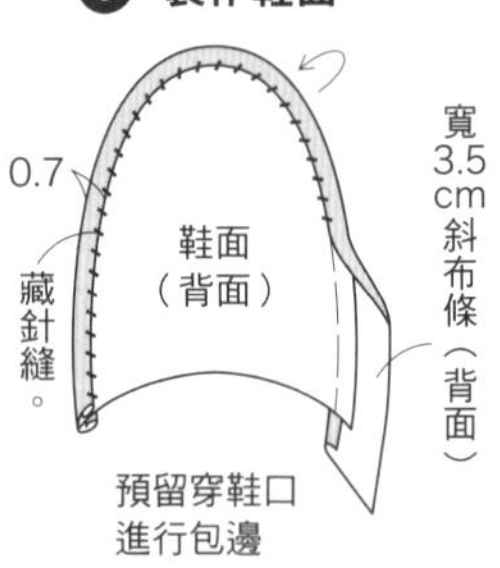

❷ 縫合鞋面與側面。

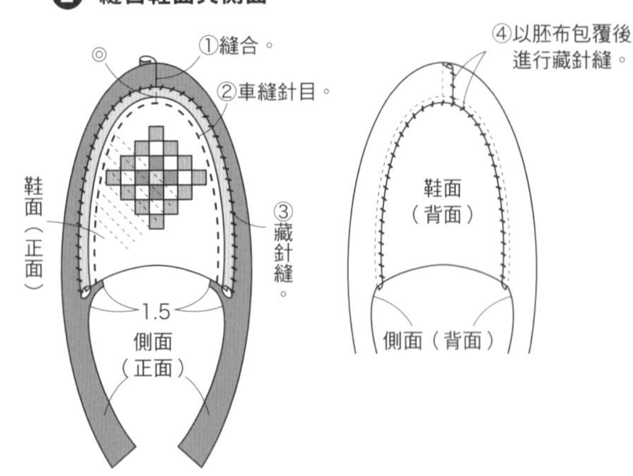

①側面的鞋尖正面相對疊合，進行縫合。
②側面疊合鞋面，縫合包邊部分的邊緣。
③周圍進行藏針縫。
④以胚布處理縫份。

❸ 縫合鞋後跟部位。

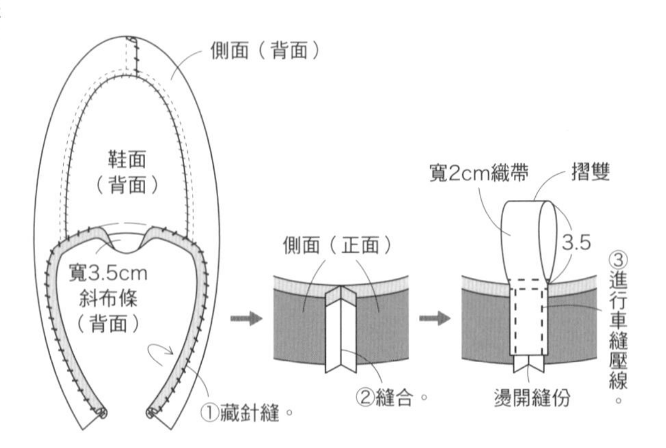

①進行穿鞋口包邊。
②側面的鞋後跟背面相對對齊，進行縫合。
③對摺織帶，夾入鞋後跟部位，車縫針目。

玄關踏墊 P.19

●材料
・各式拼接用布片
・邊飾用布85×35cm
・鋪棉、法蘭絨胚布各90×65cm
・寬4cm包邊用斜布條305cm

●完成尺寸 59.7×85.1cm

8.46
1.2
1.5
1
1cm包邊
4.5
59.76
A
C
B
3cm四角形
85.14

※預留縫份0.7cm。
※疊合3層，進行壓線。

A
B
C

四角形拼接

縫份倒向

★
②

①各列分別拼接，
縫份倒向一側。
※區塊端（★）記號處止縫。
②區塊鑲嵌拼縫邊飾布片後進行拼接。

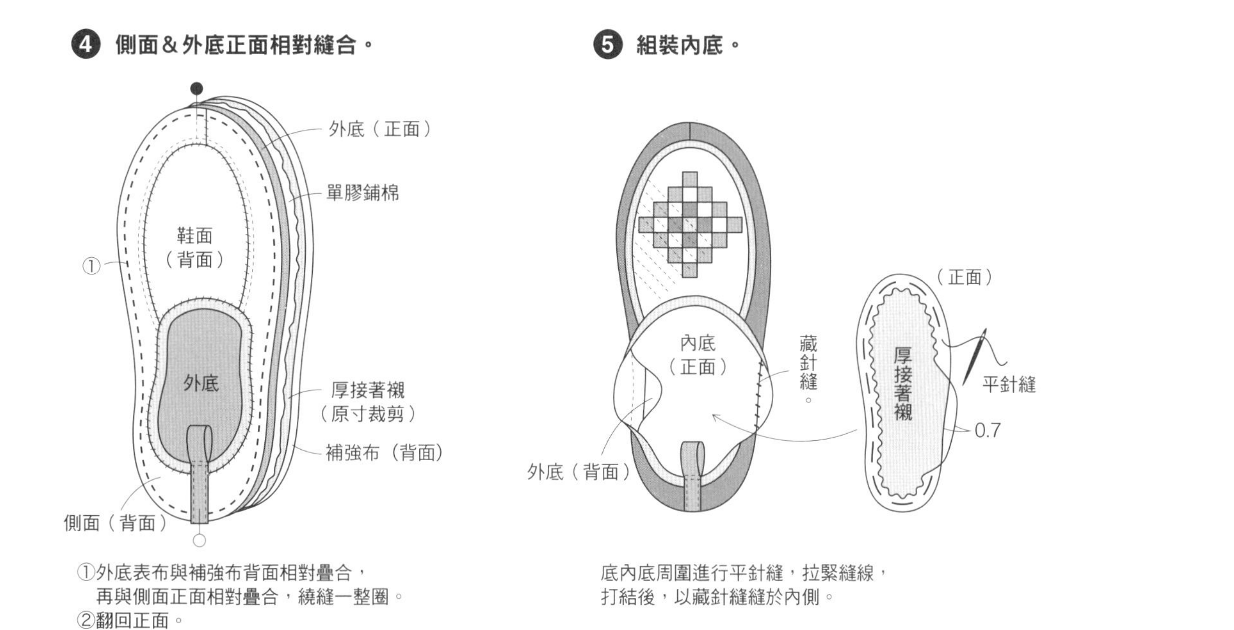

①外底表布與補強布背面相對疊合，
再與側面正面相對疊合，繞縫一整圈。
②翻回正面。

底內底周圍進行平針縫，拉緊縫線，
打結後，以藏針縫縫於內側。

環遊世界壁飾 P.16

●**材料**
・各式拼接用布片
・鋪棉、胚布各85×350cm
・寬3.5cm包邊用斜布條660cm

●**作法重點**
・圖案作法同P.65。

●**完成尺寸** 169×154cm

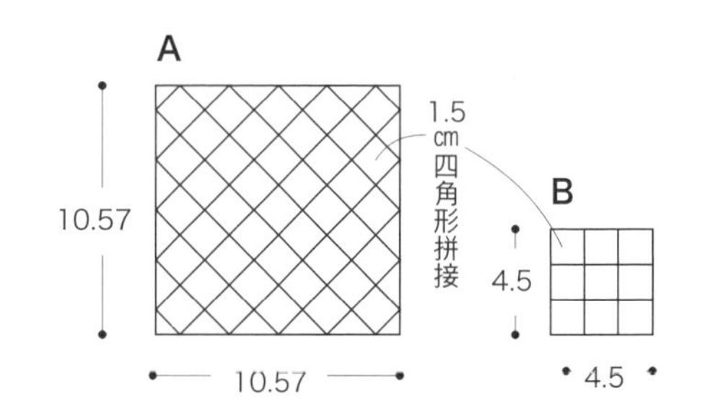

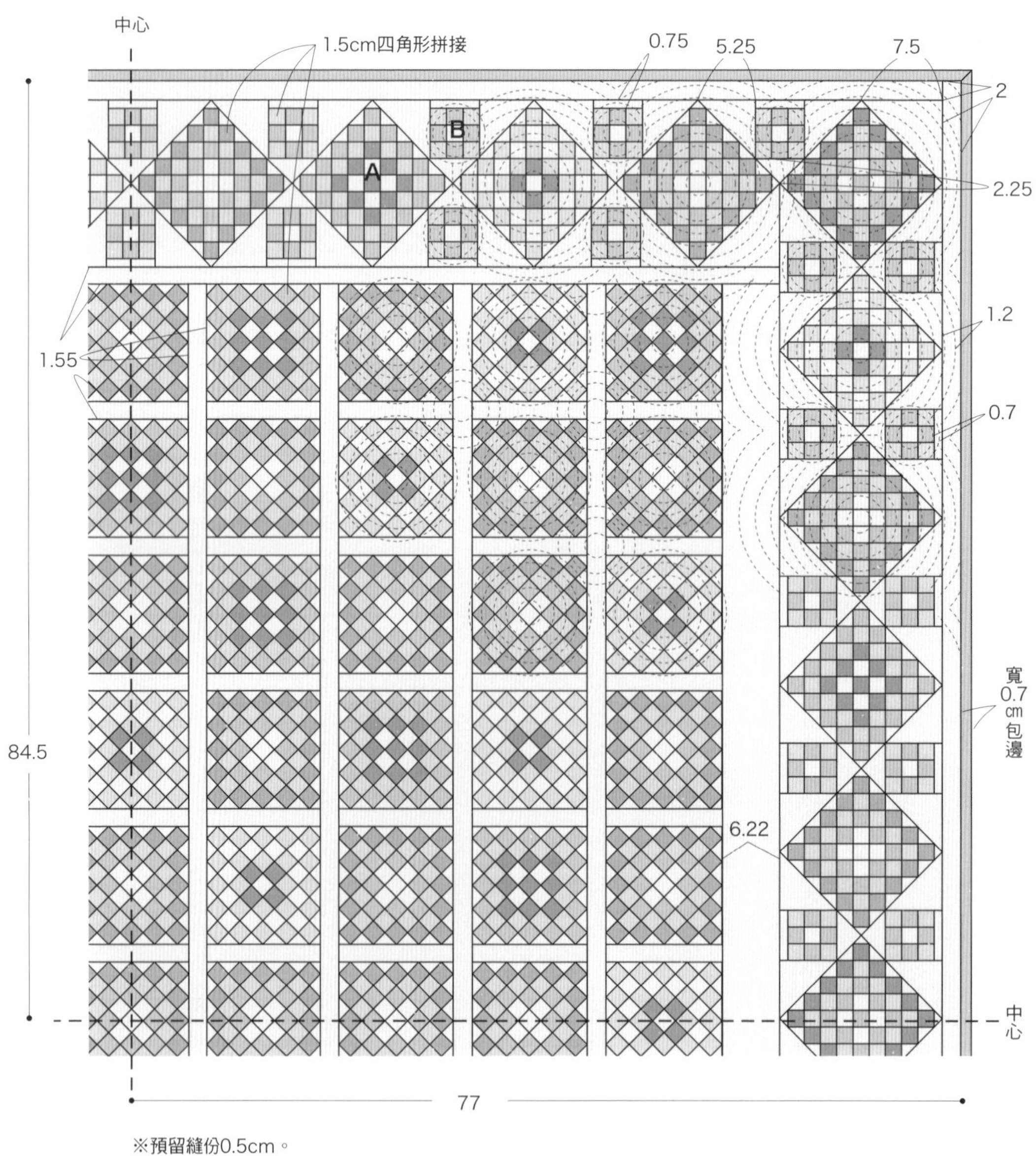

※預留縫份0.5cm。
※疊合3層，進行壓線。

房屋壁飾 P.22

A至D原寸紙型A面⑧

● 材料
- 各式拼接、貼布縫用布片
- 鋪棉、胚布各60×60cm
- 寬3.5cm包邊用斜布條230cm
- 25號繡線 適量

● 作法重點
- 沿著主題圖案進行落針壓縫。

● 完成尺寸　54×54cm

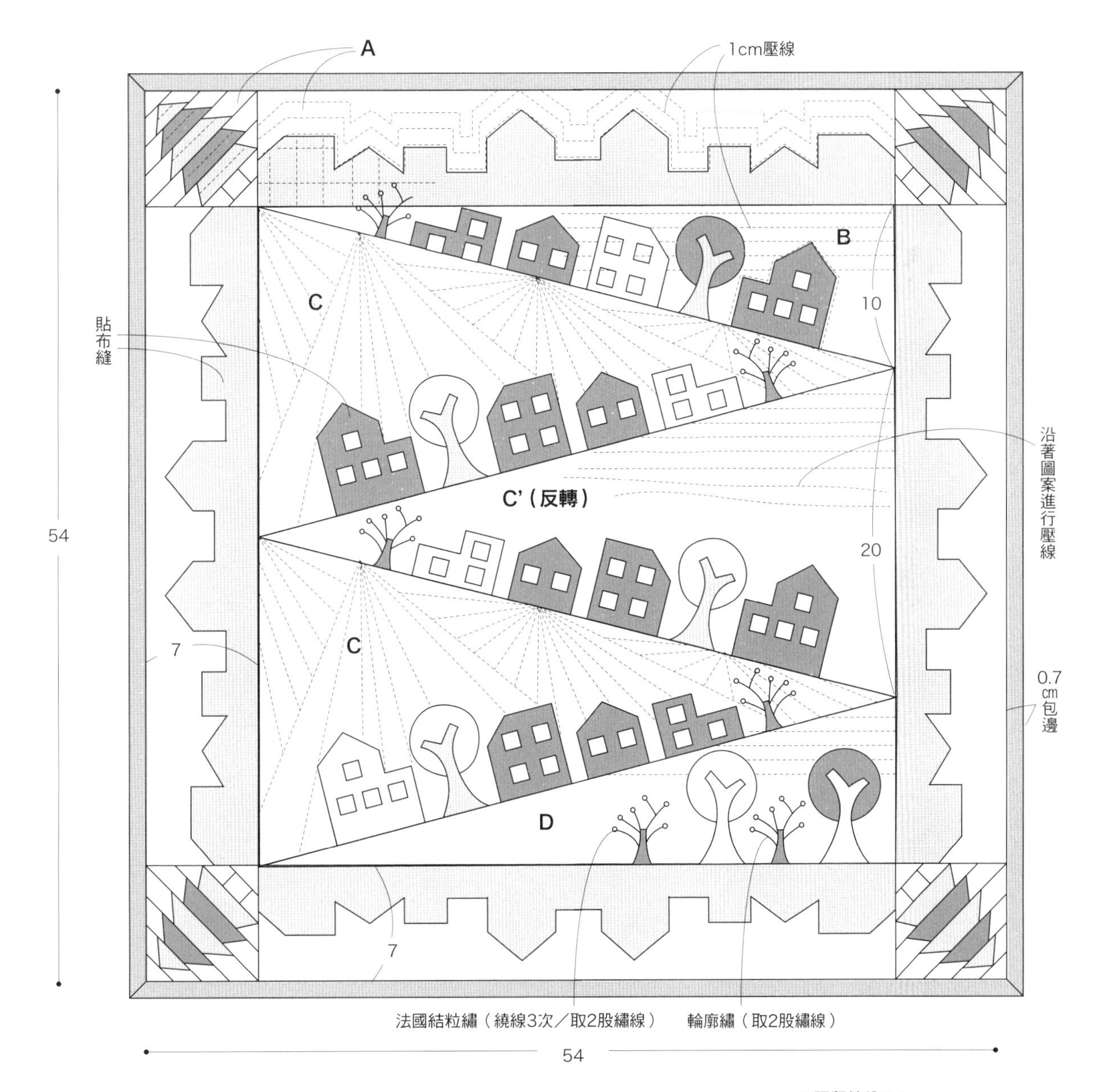

※預留縫份0.7cm。
（貼布縫預留0.3cm）
※疊合三層，進行壓線。

短窗簾 P.20

▶a、b原寸紙型A面⑨

●材料
・各式拼接、貼布縫用布片
・本體用布（包含拼接、裡側貼邊、寬2.5cm斜布條部分）110×65cm
・掛耳用布60×10cm
・25號繡線 適量

●作法重點
以斜布條包覆處理本體兩脇邊的縫份。

●完成尺寸　45×72cm

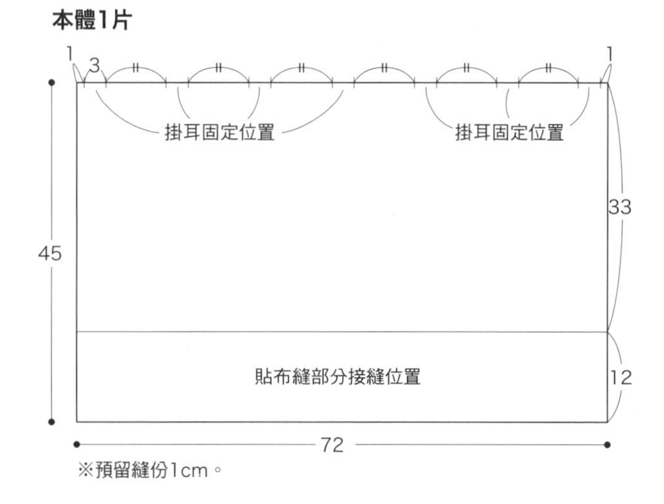

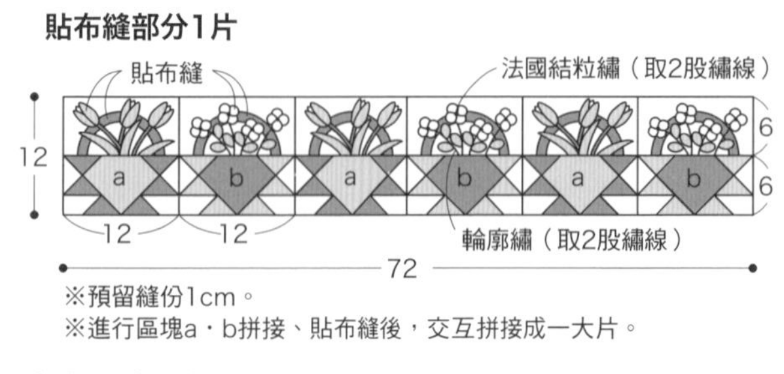

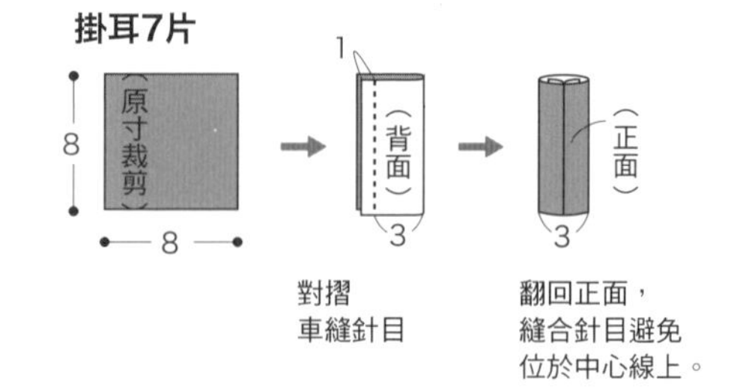

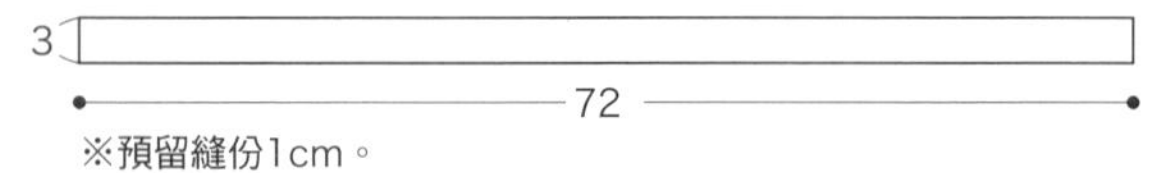

❶ 本體接縫貼布縫部分，處理兩脇邊。

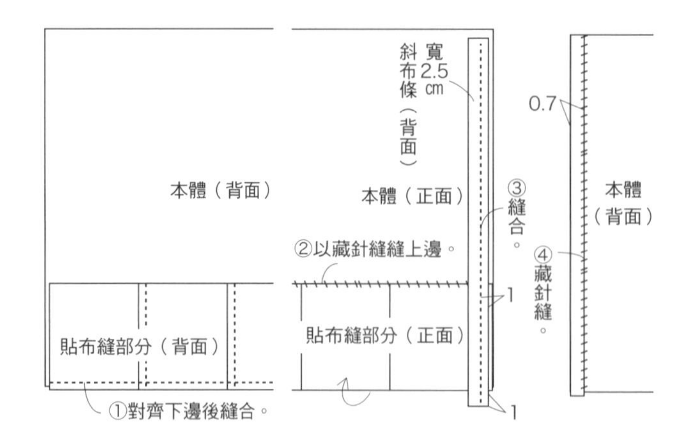

①本體背面下邊與貼布縫部分正面相對疊合後，進行接縫。
②將貼布縫部分翻回正面側，以藏針縫縫上邊。
③④以斜布條處理兩脇邊。

❷ 組裝掛耳＆裡側貼邊。

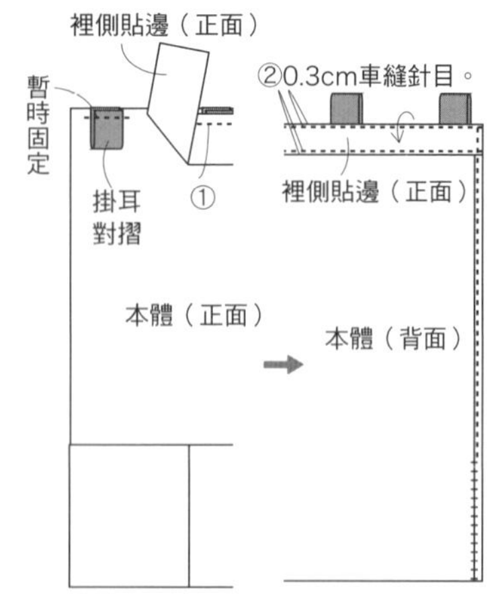

①上邊疊合掛耳，
疊合裡側貼邊後縫住。
②裡側貼邊翻回正面，摺疊邊端後縫住。

提籃日用手提袋　P.21

▶圖案&袋底原寸紙型A面⑩

●材料

- 各式拼接、貼布縫用布片
- 前片、後片用布70×40cm
- 袋底用布40×15cm
- 鋪棉、胚布（包含補強布部分）90×55cm
- 提把用布（包含寬3.5cm脇邊用斜布條）65×40cm
- 厚接著襯40×10cm
- 寬4cm袋口用斜布條40×40cm
- 寬4.5cm斜紋織帶100cm

●完成尺寸　36×36×8cm

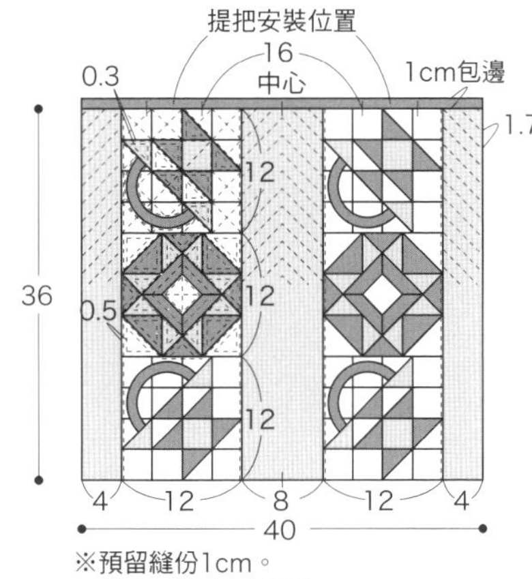

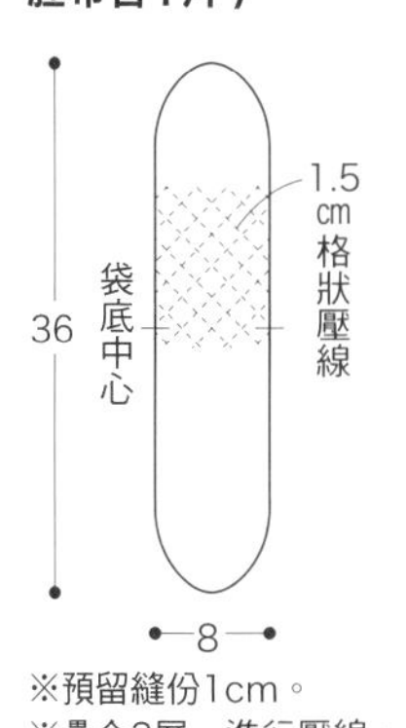

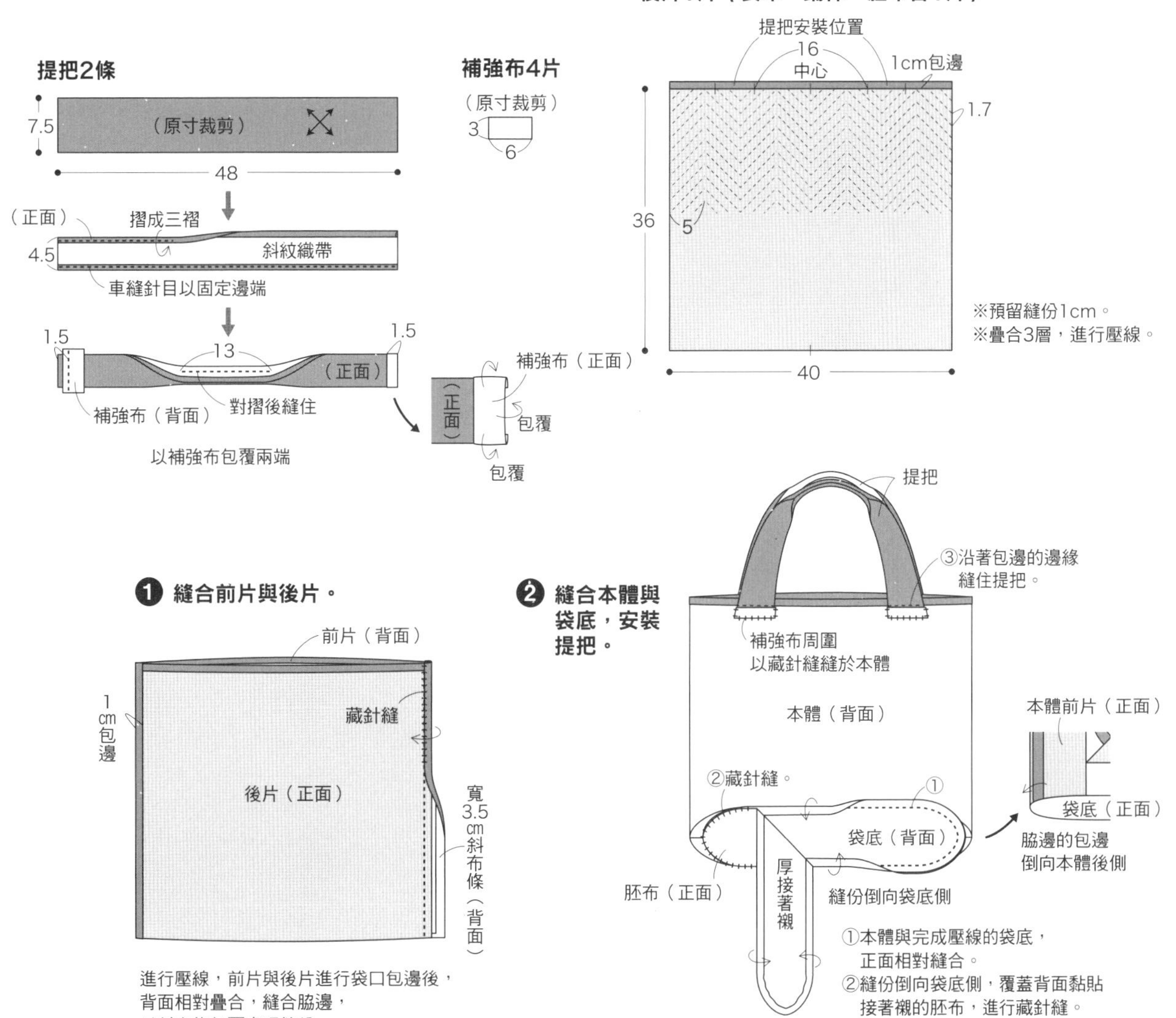

六角形拼接
袋蓋小提包

P.25

▶前片、後片＆袋蓋原寸紙型A面⑪

●材料

・各式拼接用布片
・表布（包含磁釦部分）70×35cm
・鋪棉80×35cm
・胚布（包含提把固定片、寬2.5cm斜布條、磁釦部分）各60×60cm
・包邊繩用布50×50cm
・直徑0.4cm線繩65cm
・直徑2.2cm縫式磁釦1組
・外徑19cm木製提把1組

●作法重點

・以表布、裡布、共布分別包覆磁釦。

●完成尺寸　20.5×24.5×5cm

前片、後片各1片
（表布、鋪棉、胚布各2片）

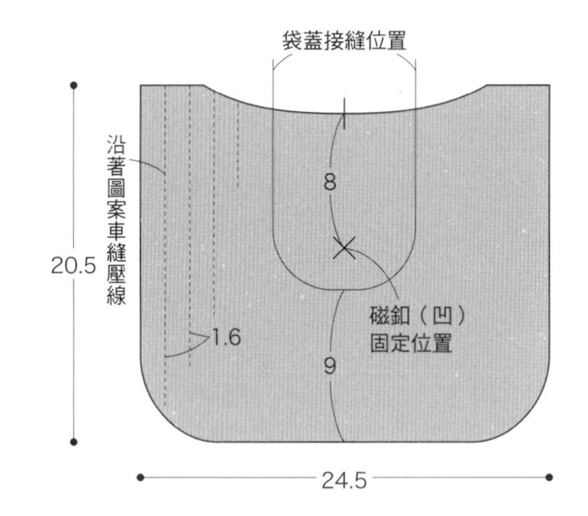

※預留縫份0.7cm。
※疊合3層，車縫壓線。

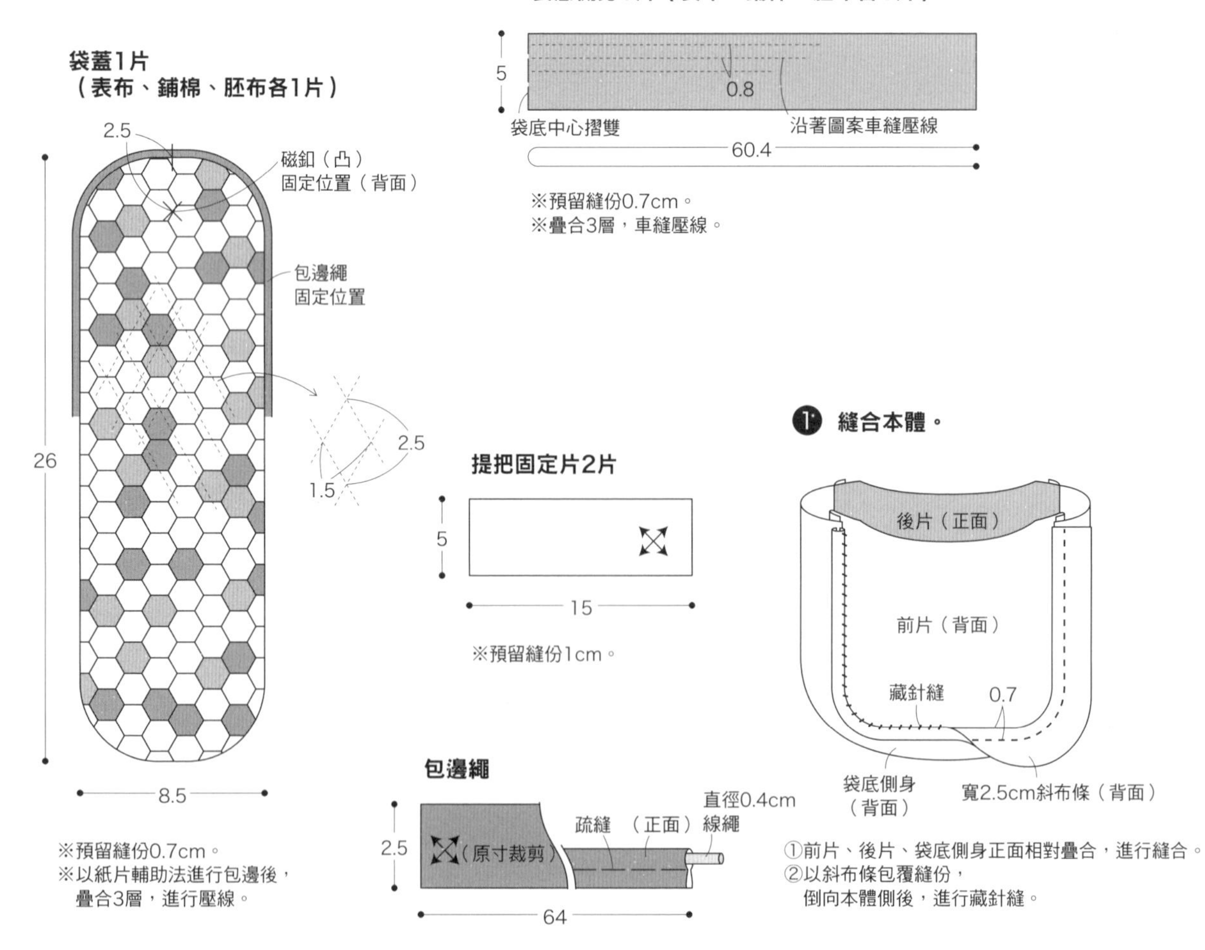

❷ 以斜布條處理袋口。

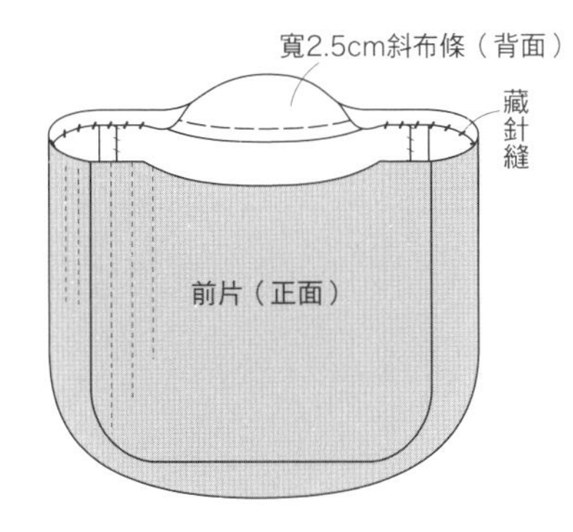

斜布條正面相對疊合，進行縫合，
包覆縫份，以藏針縫縫於內側。

❸ 製作袋蓋。

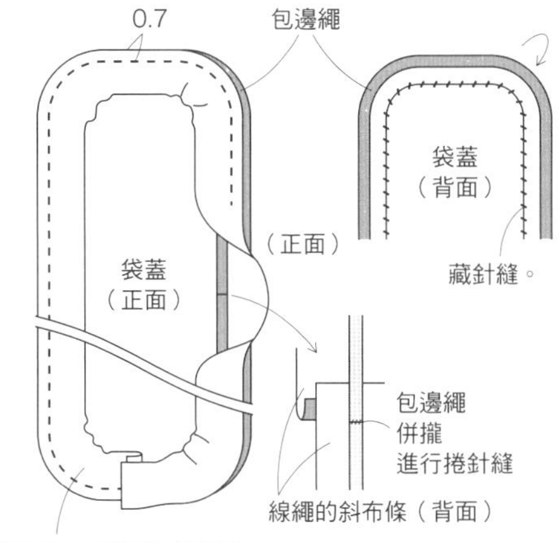

①袋蓋進行壓線後，
沿著周圍暫時固定包邊繩，
正面相對疊合斜布條，
夾縫包邊繩。
②包覆縫份，以藏針縫縫於裡側。

❹ 組裝袋蓋。

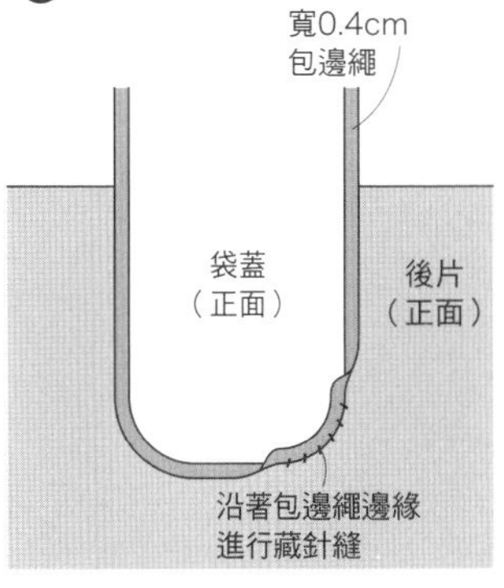

後片疊合袋蓋，挑縫至鋪棉，
進行藏針縫。

❺ 安裝提把。

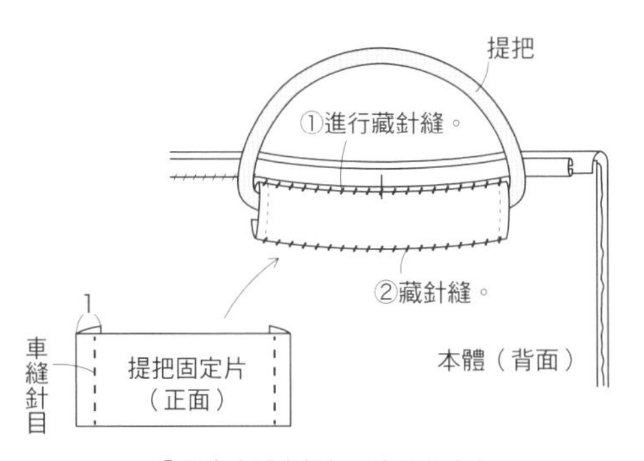

①對齊本體與提把固定片的中心，
以藏針縫將上部縫在斜布條邊緣。
②包覆提把，以藏針縫縫住下部。

❻ 安裝磁釦。

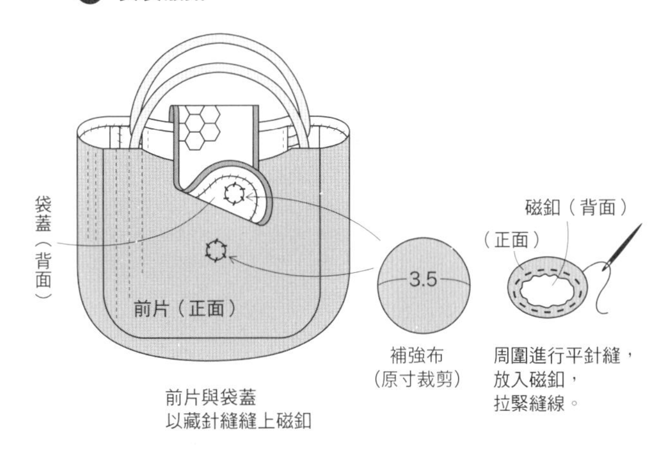

前片與袋蓋
以藏針縫縫上磁釦

周圍進行平針縫，
放入磁釦，
拉緊縫線。

紙片輔助法

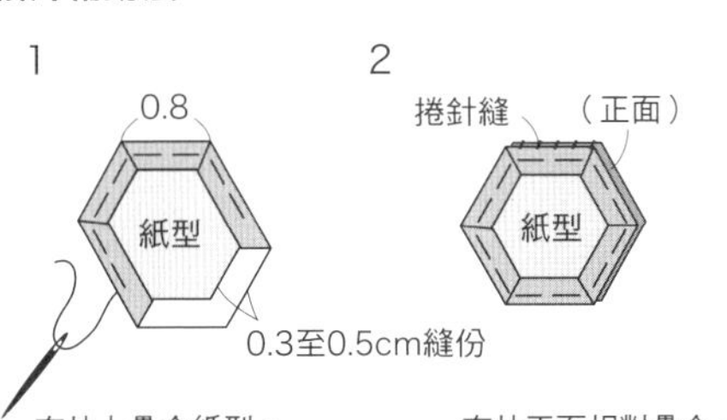

1 布片上疊合紙型，
一邊一邊地摺疊縫份，
連同紙型疏縫固定。

2 布片正面相對疊合，
一邊一邊地
進行捲針縫。

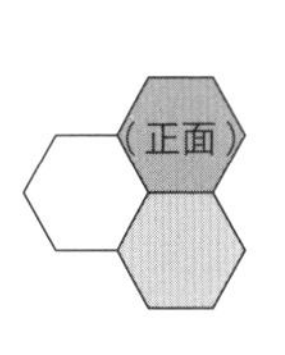

3 拼接必要布片，
以熨斗調整形狀，
疏縫後取出紙型。

原寸紙型

六角形拼接肩背包　P.24

▶原寸紙型B面①

●材料
・各式拼接、貼布縫用布片
・後片用布35×40cm
・鋪棉70×40cm
・胚布（包含吊耳、磁釦用布、斜布條部分）
100×40cm
・直徑2.2cm磁釦1組
・寬2.5cm斜紋織帶150cm
・內尺寸1.9cmD形環2個
・內尺寸2.5cm活動鉤2個
・內尺寸2.8cm日形環1個
・25號淺綠色繡線適量

●作法重點
・沿著葉脈的輪廓線針目，進行落針壓縫。

●完成尺寸　35×31cm

前片1片（表布、鋪棉、胚布各1片）

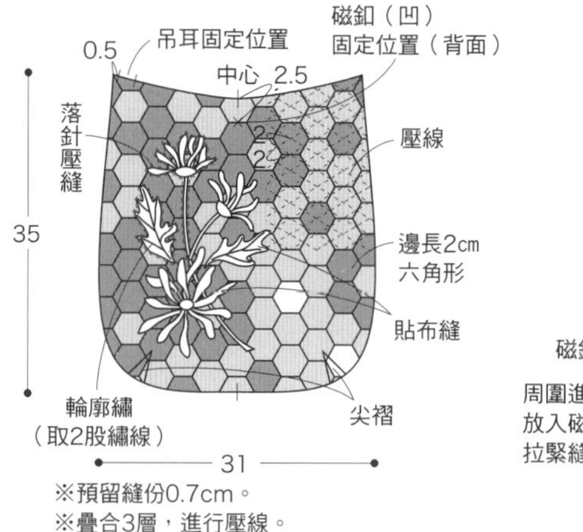

※預留縫份0.7cm。
※疊合3層，進行壓線。

磁釦用布2片

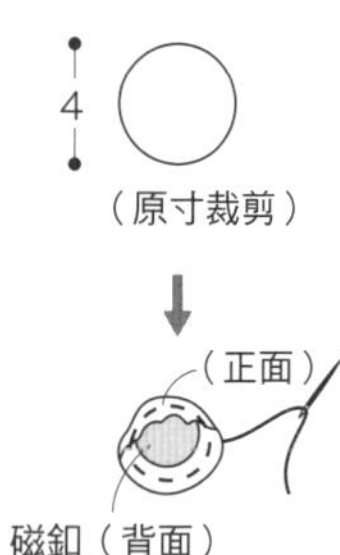

周圍進行平針縫後，
放入磁釦，
拉緊縫線。

後片1片（表布、鋪棉、胚布各1片）

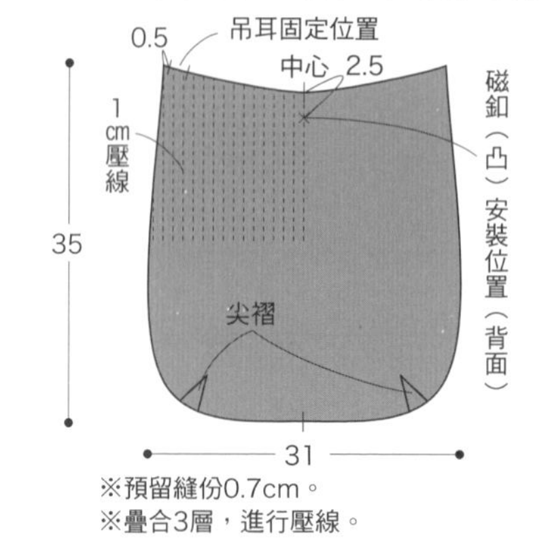

※預留縫份0.7cm。
※疊合3層，進行壓線。

吊耳2片（表布、鋪棉、裡布各2片）

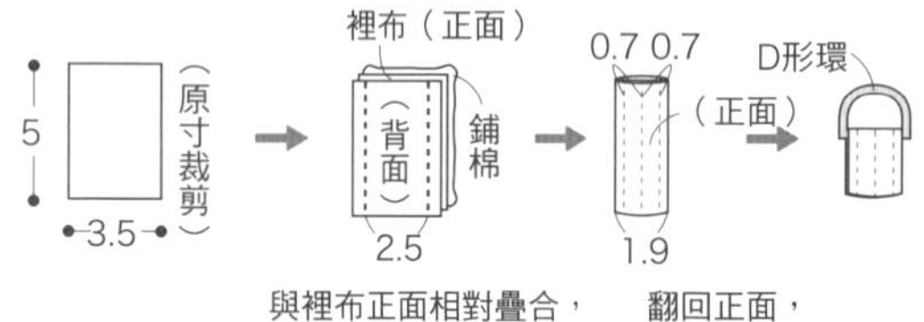

與裡布正面相對疊合，
疊在鋪棉上，
縫合兩邊端。

翻回正面，
車縫針目，
套入D形環。

肩背帶1條

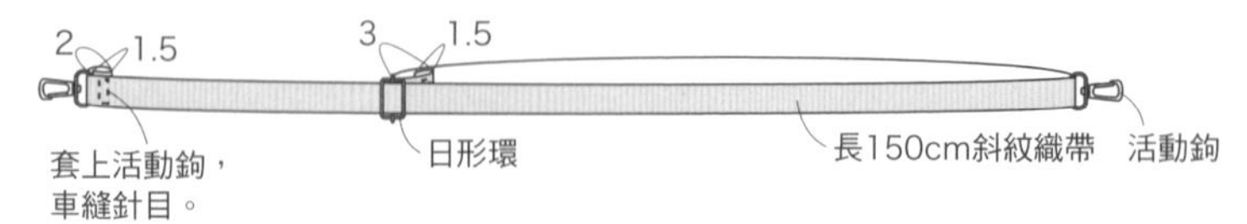

❶ 縫合前片、後片。

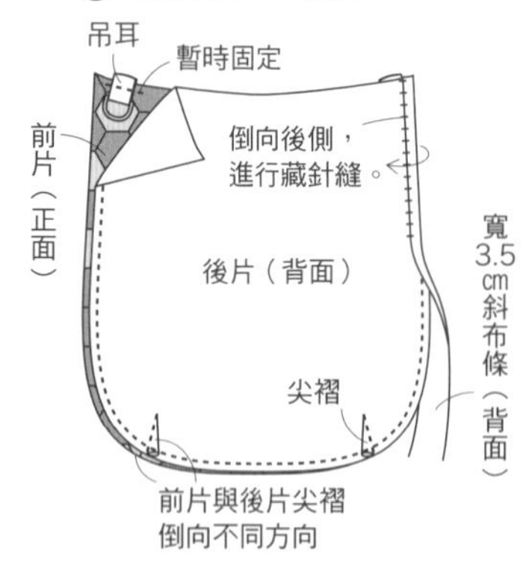

①前片與後片進行壓線，縫好尖褶後，
正面相對疊合，縫合周圍。
②以斜布條包覆處理縫份。
③暫時固定吊耳。

❷ 袋口包邊。

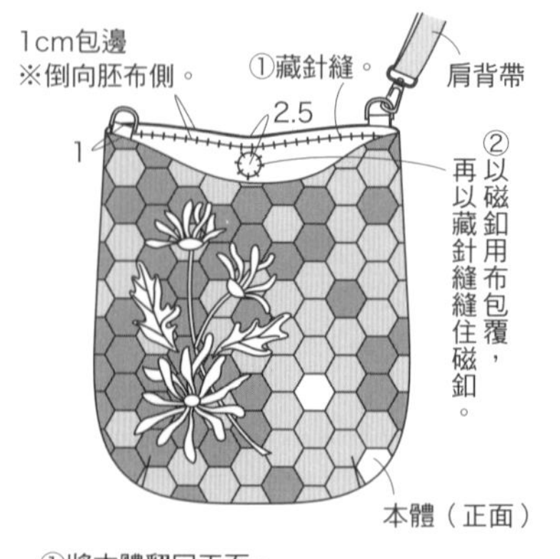

①將本體翻回正面，
以寬2.5cm斜布條處理袋口。
②縫上磁釦。

花籃風小提包　P.38

▶原寸紙型A面⑫

●材料
・貼布縫用布片
・表布75×45cm
・鋪棉、胚布各80×30cm
・袋口包邊用布30×30cm
・寬2cm織帶（附壓線織帶）60cm
・25號白色・綠色繡線適量

●作法重點
・沿著主題圖案，進行落針壓縫。

●完成尺寸　21.5×32cm

前上部1片（表布、鋪棉、胚布各1片）

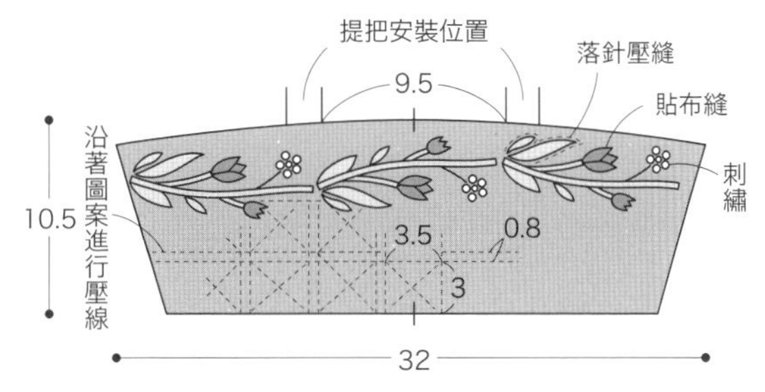

※預留縫份0.7cm，兩脇邊胚布預留縫份2cm。
※疊合3層，進行壓線。

後片上部1片（表布、鋪棉、胚布各1片）

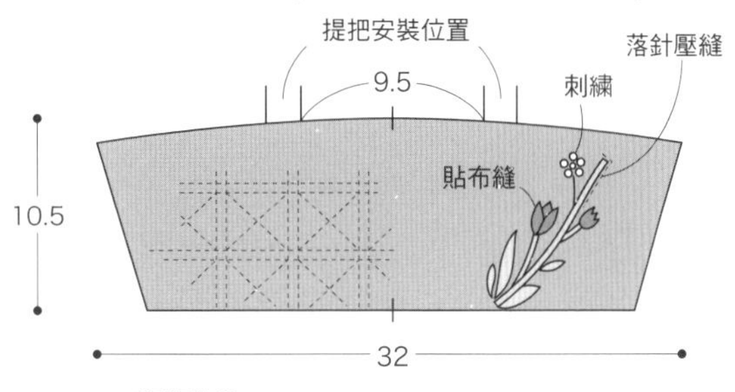

※預留縫份0.7cm。
※疊合3層，車縫壓線。

前片、後片下部各1片（表布、鋪棉、胚布各2片）

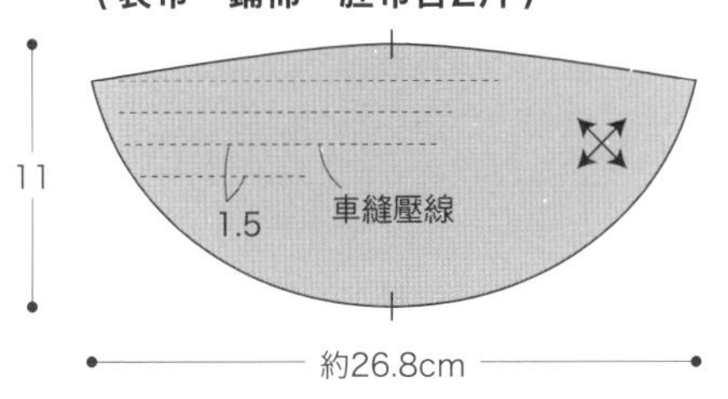

※預留縫份0.7cm。
前面胚布與後片上邊的胚布預留縫份2cm。
※疊合3層，車縫壓線。

❶ 接縫前片與後片的上、下側。

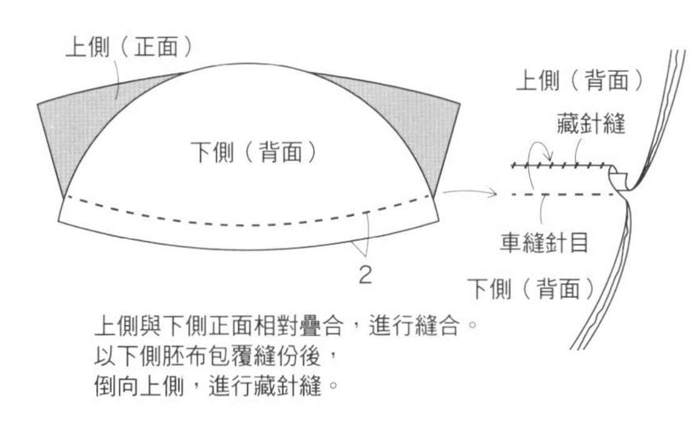

上側與下側正面相對疊合，進行縫合。
以下側胚布包覆縫份後，
倒向上側，進行藏針縫。

❷ 縫合本體。

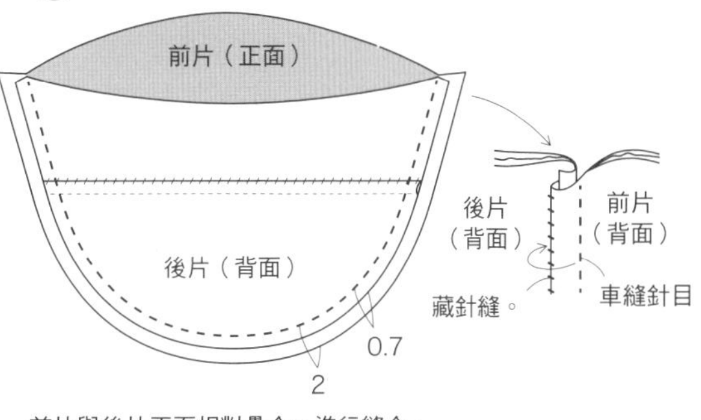

前片與後片正面相對疊合，進行縫合，
以前片胚布包覆縫份後，倒向後側，進行藏針縫。

❸ 安裝提把。

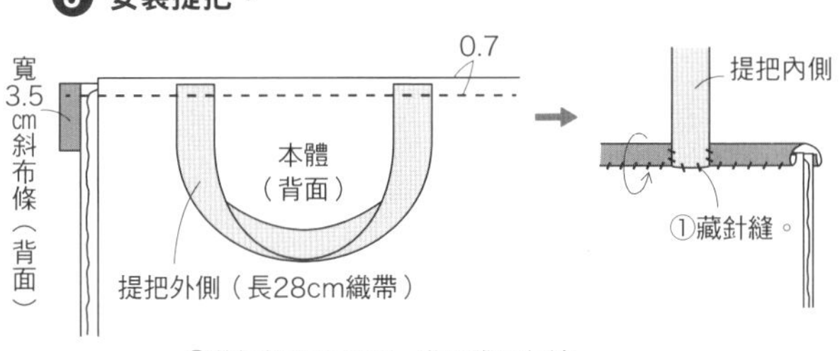

①將提把疊在內側，進行袋口包邊。
②抬高提把，以藏針縫縫於包邊部位。

聖誕樹造型
羊毛束口袋

P.48

▶口袋（2件）原寸紙型A面②

●材料（1件的用量）

- 各式貼布縫、釦絆、包釦用布片
- 本體用布30×55cm
- 裡袋用布（包含口袋裡布部分）30×75cm
- 口布用布25×15cm
- 口袋用布20×20cm
- 寬0.5cm繩帶110cm
- 直徑1cm縫式磁釦1組
- 直徑2.2cm包釦4顆
- 25號繡線適量

●作法重點

- 袋底縫份縫入裡側。

●完成尺寸　26×26cm

<2件相同>

本體、裡袋各1片

口布安裝位置
中心
2　2
9
0.7
磁釦（凹）固定位置
口袋固定位置
14
12
52
袋底中心
口布接縫位置
2　2
26
※預留縫份1cm。
※裡袋同寸。

口袋1片（表布、裡布各1片）

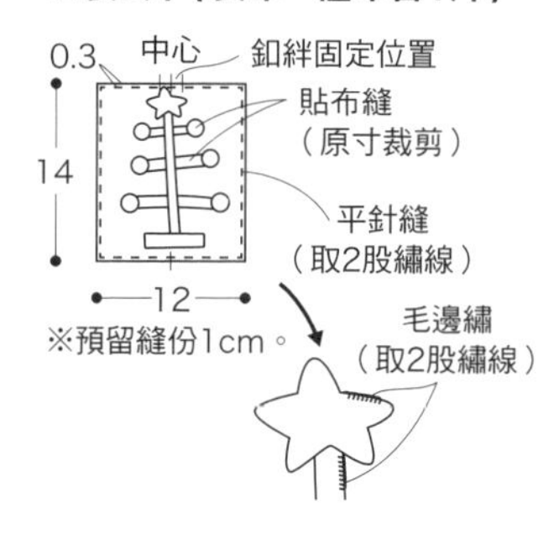

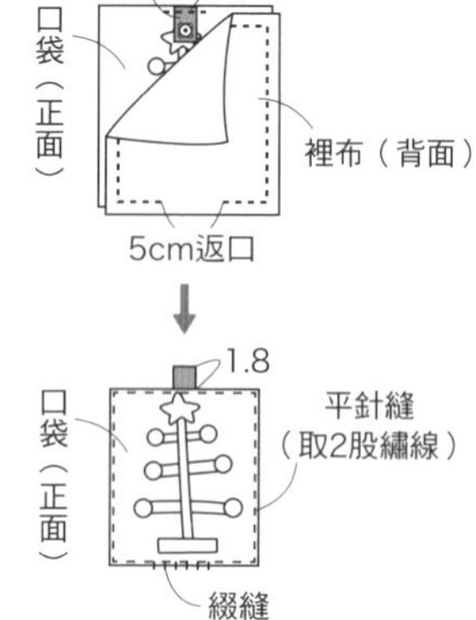

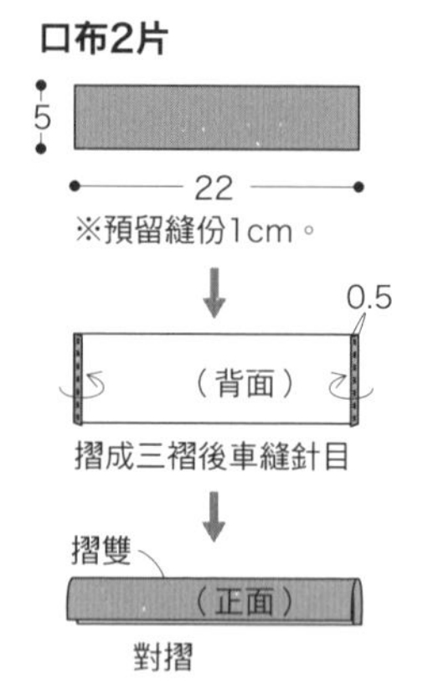

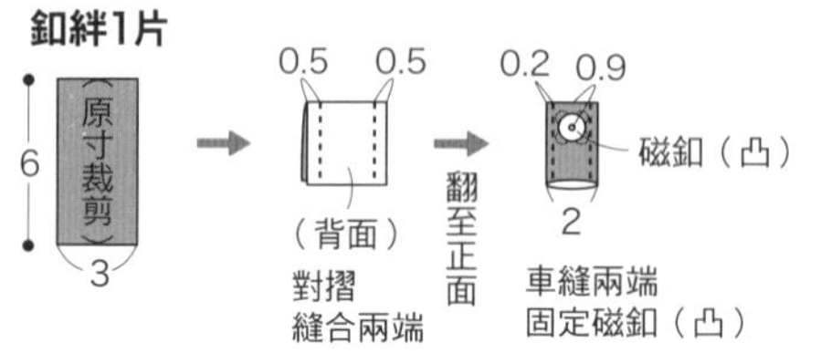

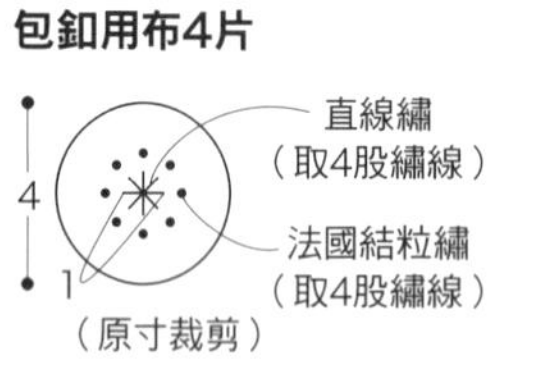

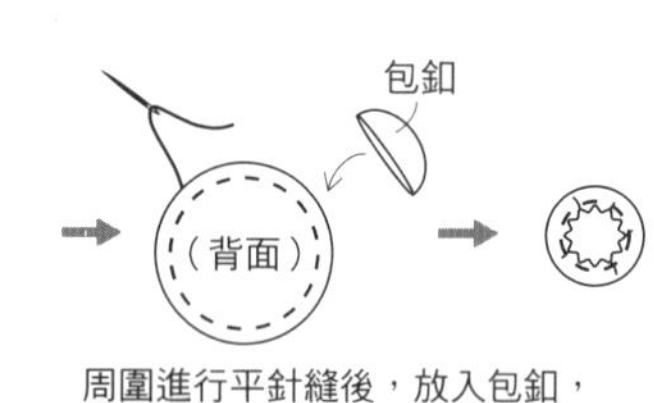

<作法相同>

❶ 縫合本體與裡袋的袋口。

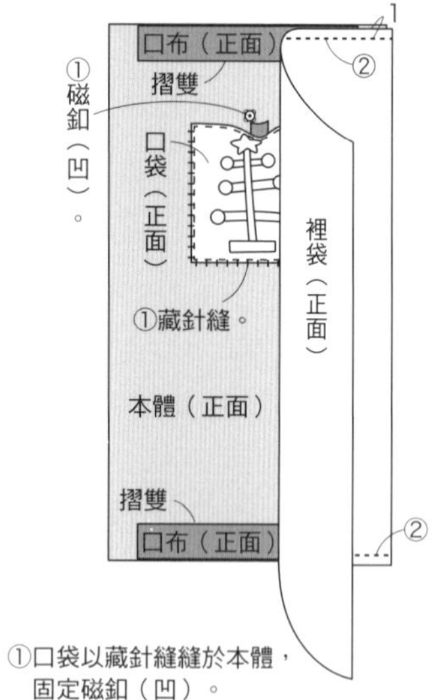

①口袋以藏針縫縫於本體，
固定磁釦（凹）。
②夾入口布，與裡袋正面相對疊合，縫合袋口。

❷ 對齊袋口針目後重新摺疊，縫合脇邊。

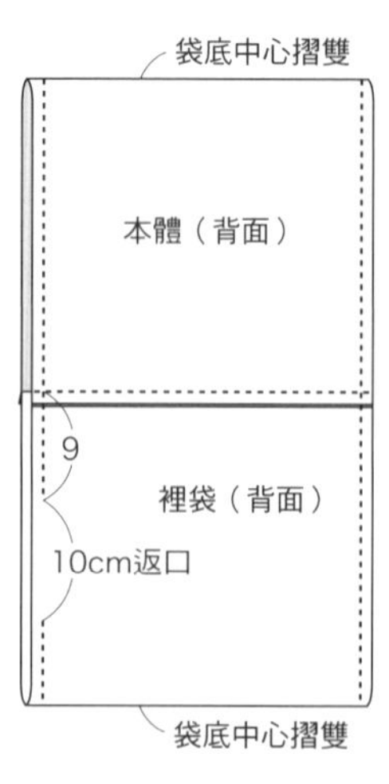

對齊袋口針目後重新摺疊，
預留返口，縫合脇邊。

❸ 翻回正面，穿入繩帶。

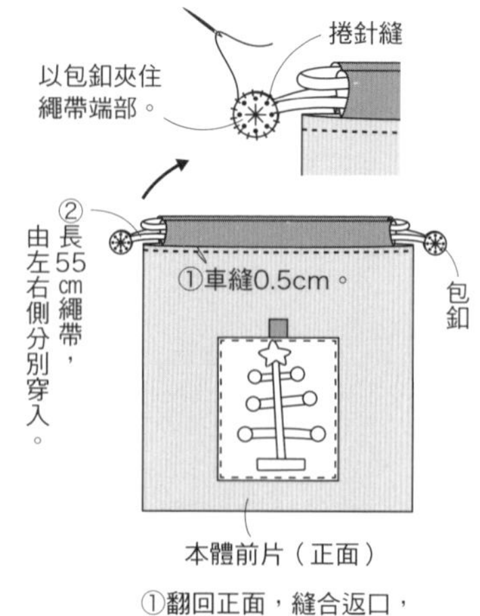

①翻回正面，縫合返口，
袋口車縫針目。
②將繩帶穿入口布，
以包釦夾住繩帶端部。

聖誕夜壁飾 P.46

▶A至C原寸紙型B面③

●材料
・各式拼接、貼布縫用布片
・鋪棉、胚布各60×45cm
・寬3.5cm包邊用斜布條195cm
・25號繡線 適量

●作法重點
・沿著主題圖案進行落針壓縫。

●完成尺寸　38×52cm

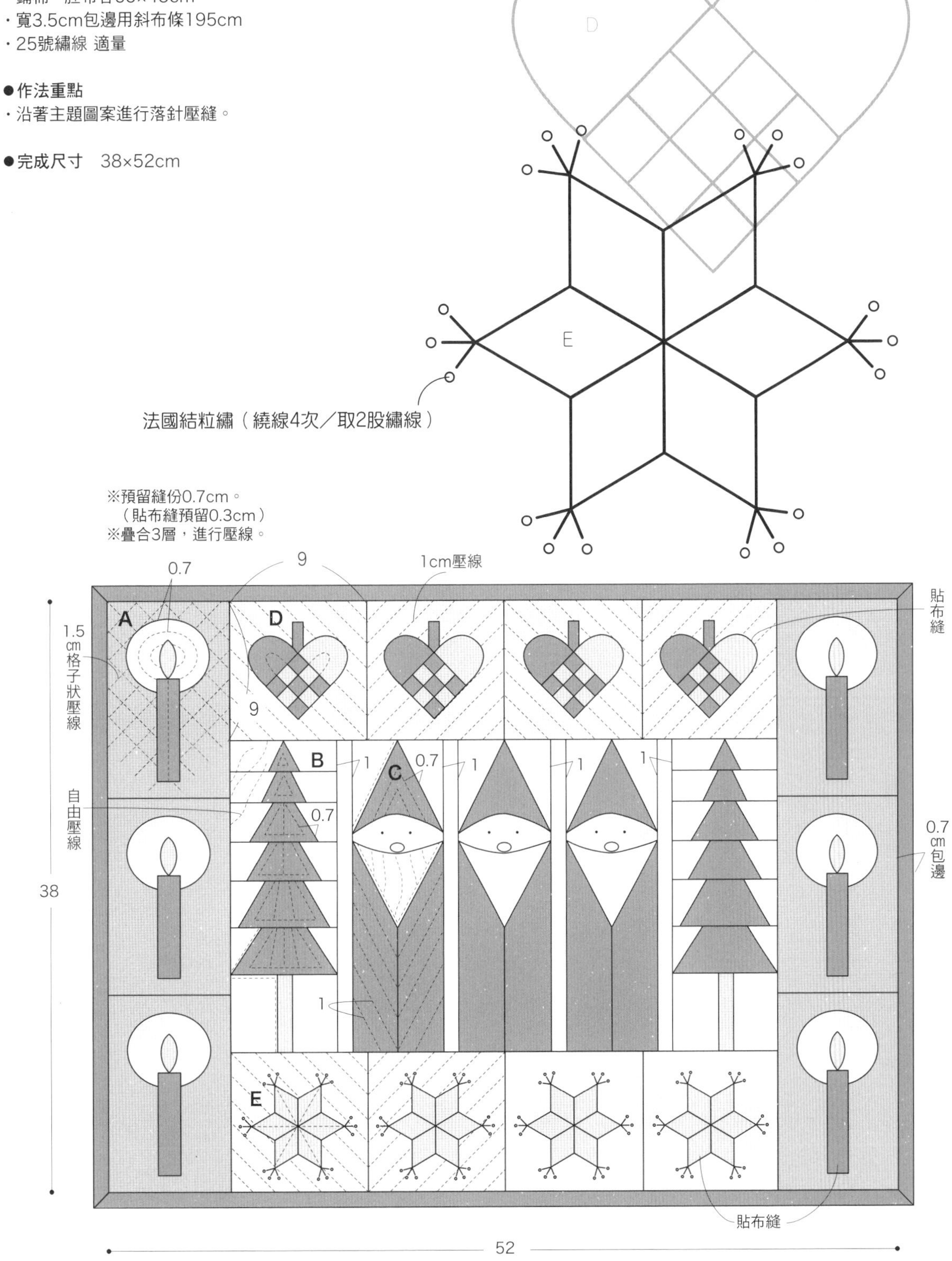

房屋造型小物盒　P.23

▶本體&屋頂原寸紙型B面④

●材料
- 各式拼接、貼布縫用布片
- 本體用布40×15cm
- 盒底用布（包含包邊部分）40×20cm
- 裡布、鋪棉、胚布、接著襯 各40×35cm
- 直徑0.7cm鈕釦2顆
- 直徑1.8cm木珠1顆
- 25號繡線 適量

●作法重點
- 使用具彈性Shakitto單膠接著襯。
- 製作時，配合本體大小，適度地調整盒底尺寸。

●完成尺寸　高17×直徑10cm

本體1片（表布、鋪棉、胚布、裡布、接著襯各1片）

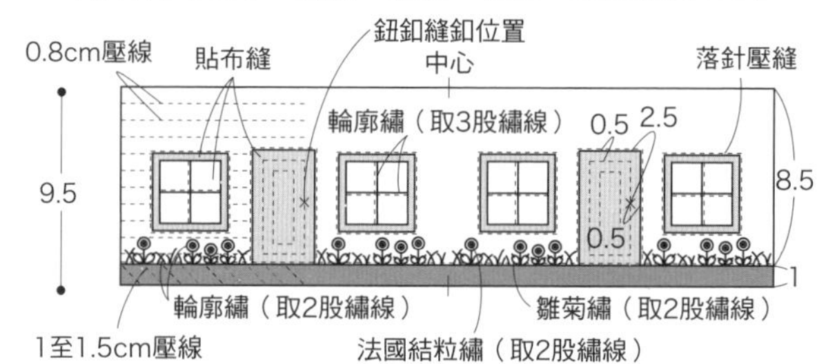

※預留縫份1cm。
※裡布背面黏貼接著襯。
※疊合3層，進行壓線。

屋頂1片（表布、鋪棉、胚布、裡布、接著襯各1片）

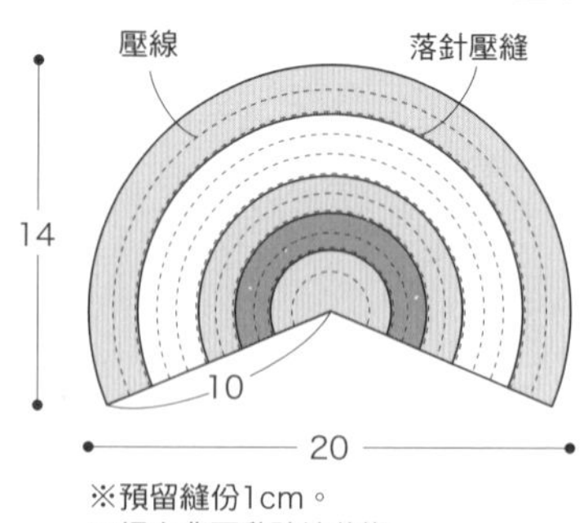

※預留縫份1cm。
※裡布背面黏貼接著襯。
※疊合3層，進行壓線。

盒底1片（表布、鋪棉、胚布、裡布、接著襯各1片）

1至1.2cm壓線

10

※預留縫份1cm。
※裡布背面黏貼接著襯。
※疊合3層，進行壓線。

❶ 製作本體。

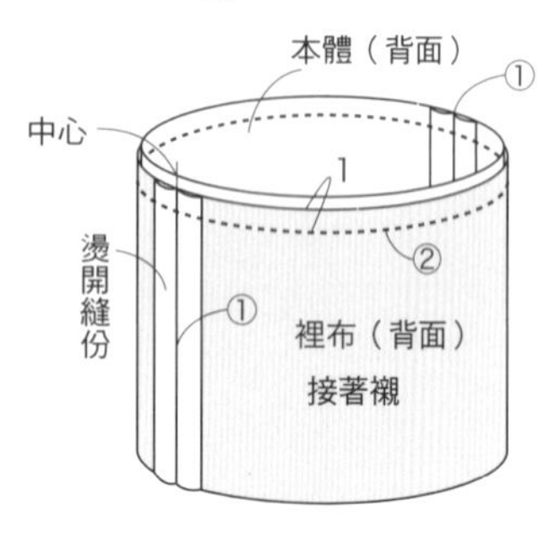

①本體壓線後，
與背面黏貼接著襯的裡布，
分別縫成筒狀。
②縫合針目位於對角線上，
正面相對疊合，縫合開口。

❷ 縫合本體與盒底。

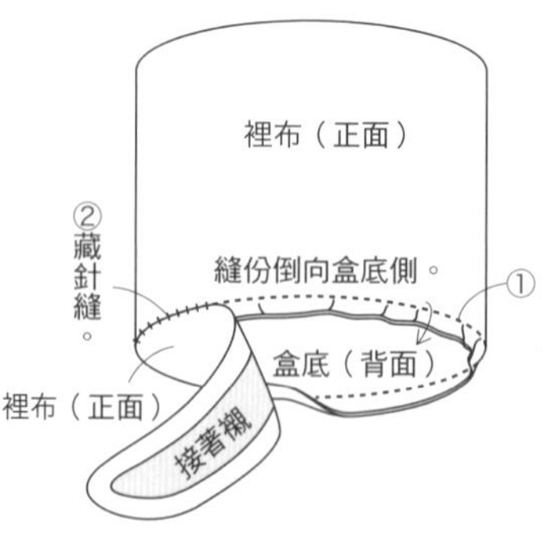

①本體翻回正面後，
與完成壓線的盒底正面相對縫合。
②縫份倒向盒底側，蓋上背面黏貼
接著襯的裡布，進行藏針縫。

❸ 製作屋頂。

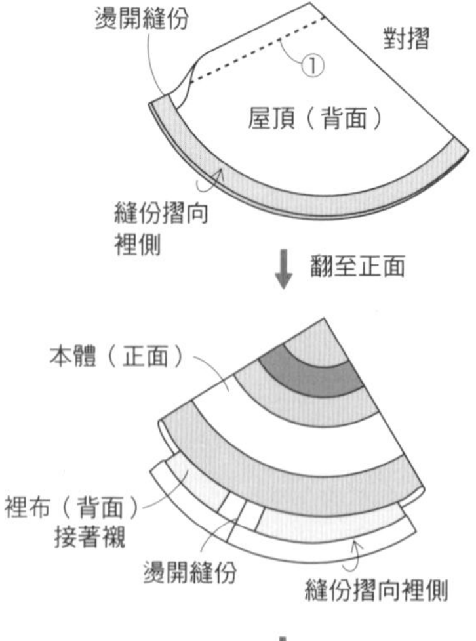

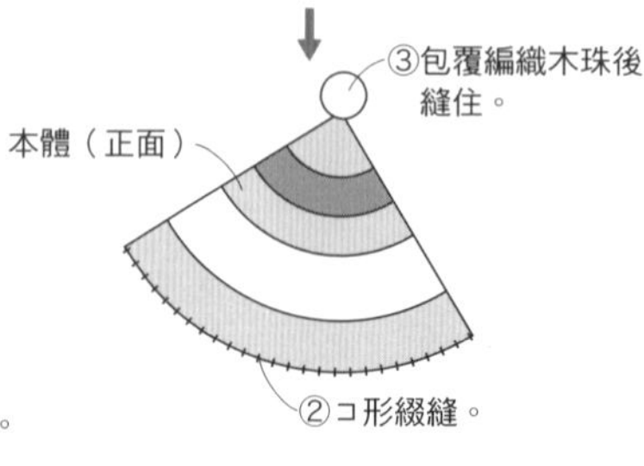

①屋頂本體完成壓線後，
與背面黏貼接著襯的裡布，
分別對摺，縫合脇邊。
②縫合針目位於對角線上，
背面相對對齊後，
下襬部分以コ形綴縫進行縫合。
③包覆編織木珠後縫住。

房屋造型波奇包（方形） P.23

▶原寸紙型B面⑤

●材料

・各式拼接、貼布縫用布片
・本體A用布30×15cm
・本體B用布30×25cm
・胚布、鋪棉各30×35cm
・包邊用布（包含拉鍊裝飾部分）
25×25cm
・長22cm拉鍊1條
・25號繡線 適量

●作法重點

・胚布脇邊縫份裁大一點。

●完成尺寸 14×22cm

本體1片（表布、鋪棉、胚布各1片）

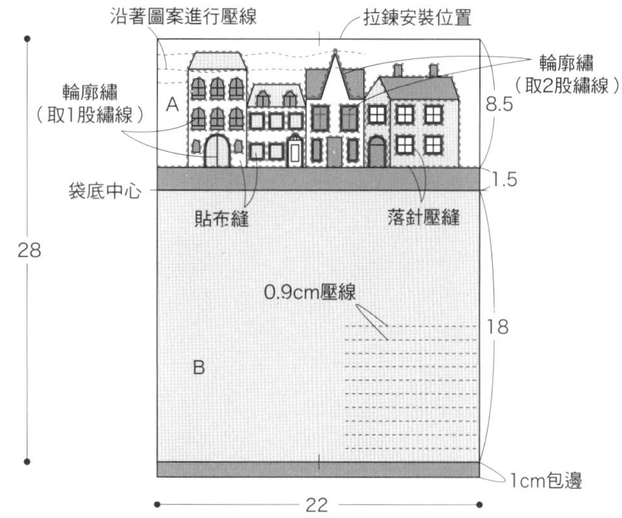

※預留縫份1cm。
※胚布側面縫份裁大一點。
※疊合3層，進行壓線。

拉鍊裝飾1片

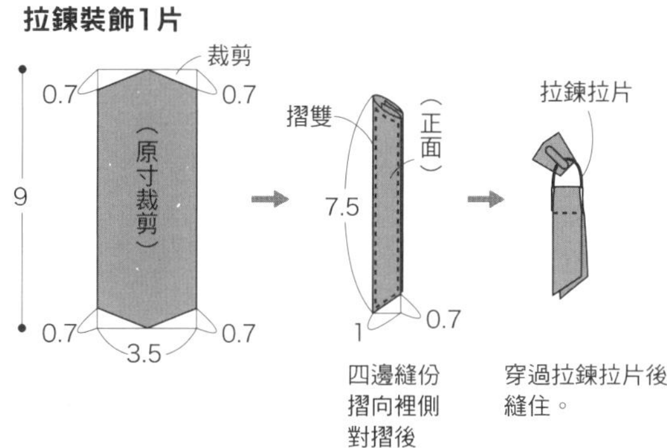

四邊縫份
摺向裡側
對摺後
車縫針目

穿過拉鍊拉片後
縫住。

❶ 本體安裝拉鍊。

由拉鍊背面
挑縫至鋪棉為止
沿著包邊邊緣
縫住拉鍊

將包邊疊在鍊齒上，
與另一側身端併攏。

拉鍊（正面）

縫份摺向裡側

藏針縫

本體（正面）

進行壓線，將拉鍊安裝在完成一側包邊的本體上。

❷ 縫合脇邊。

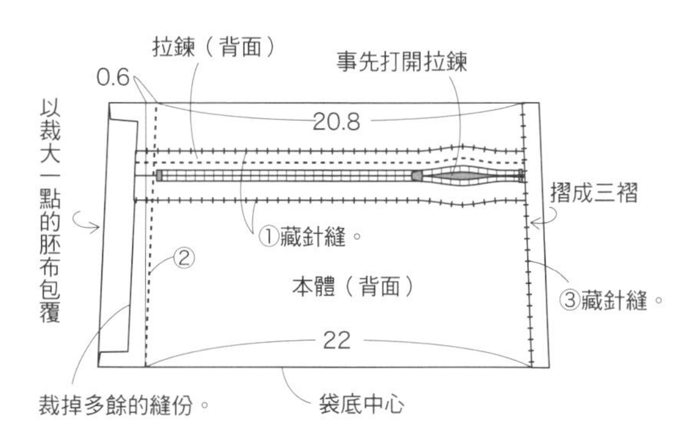

①本體翻回正面後，拉鍊兩端以藏針縫縫於本體。
②由袋底中心摺疊，斜斜地縫合兩脇邊。
③以裁大一點的胚布包覆處理縫份。

房屋造型波奇包（圓形屋頂）

P.23

▶原寸紙型B面⑥

●材料（1件的用量）
・各式拼接、貼布縫、拉鍊裝飾用布片
・本體A用布15×10cm
・本體B用布15×15cm
・胚布（包含斜布條部分）40×30cm
・鋪棉（包含拉鍊裝飾部分）20×25cm
・長31cm可自由組合安裝的拉鍊（環狀類型Adjuster）1條
・直徑0.7cm鈕釦1個
・25號繡線 適量

●完成尺寸　11.5×12.5cm

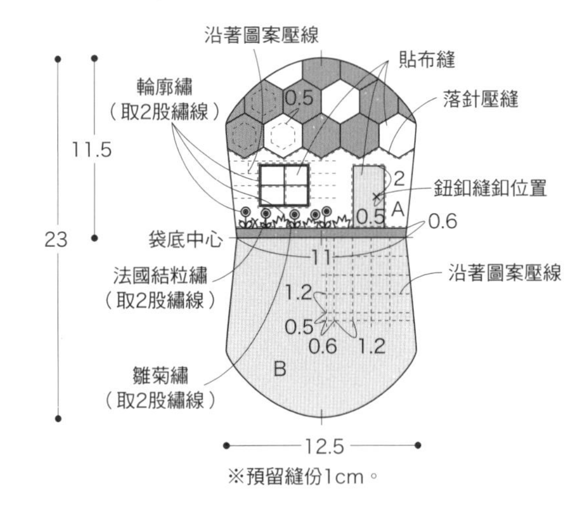

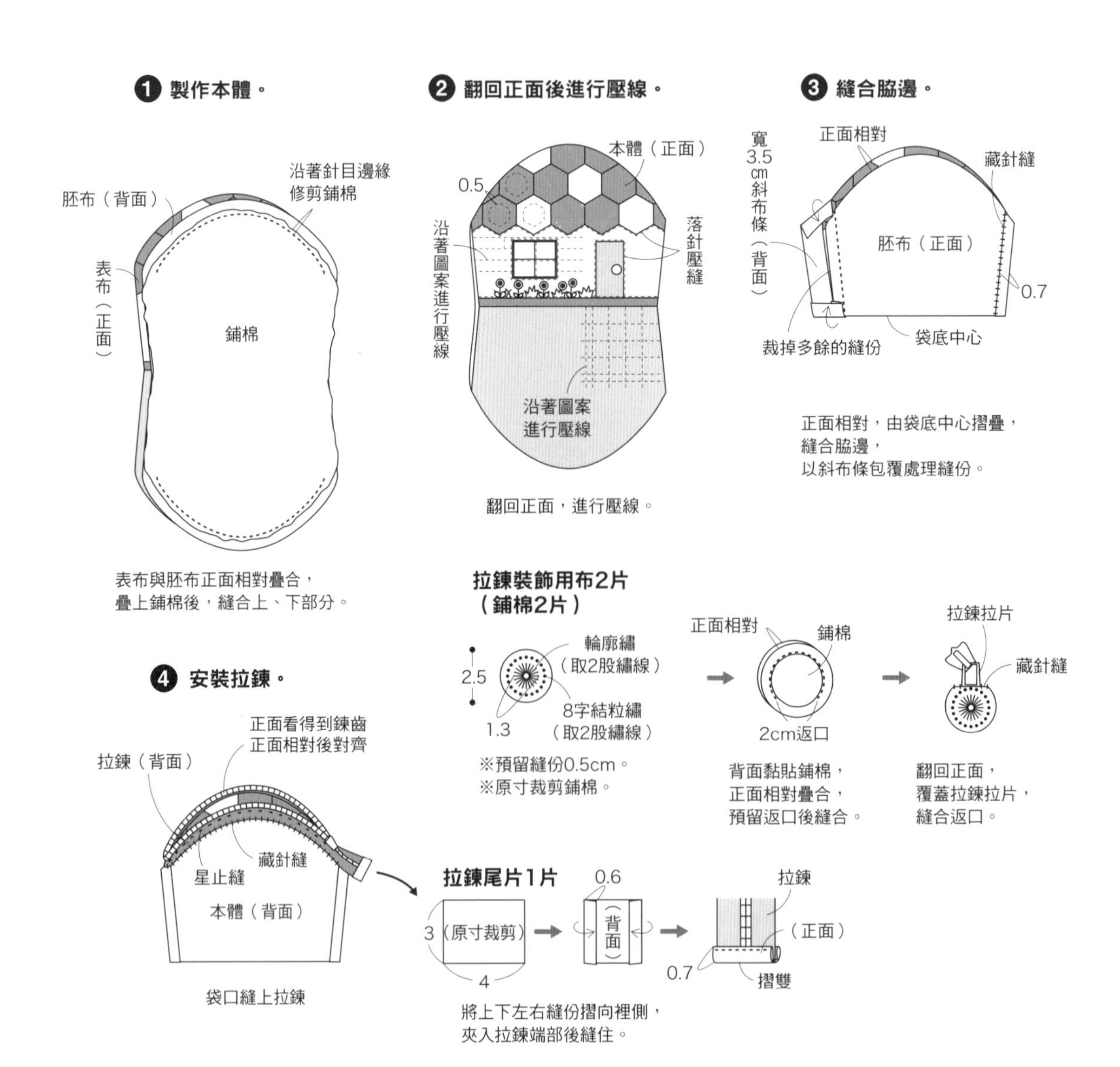

餐墊

P.26

▶原寸紙型B面⑦

●材料（1件的用量）
・各式貼布縫用布
・本體用布、鋪棉、裡布各50×35cm
・尾巴用布（包含耳朵部分）20×15cm
・直徑1.5cm圓形小裝飾1個

●作法重點
・貼布縫部分的縫份不摺入內側，直接處理縫份。

●完成尺寸　29×43cm

本體1片（表布、鋪棉、裏布各1片）

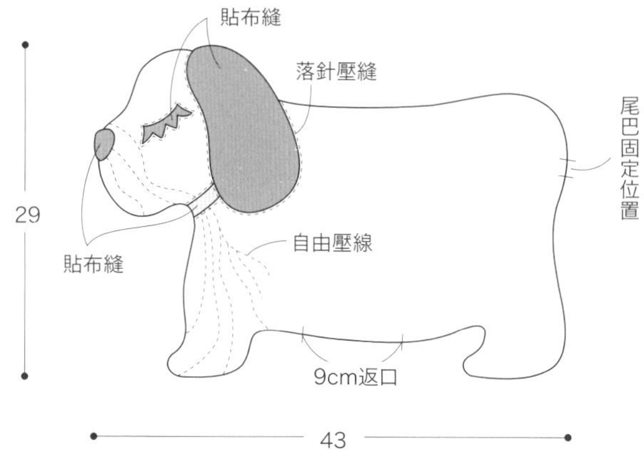

※預留縫份0.7cm。
※裡布與表布左右對稱裁剪。

尾巴1片

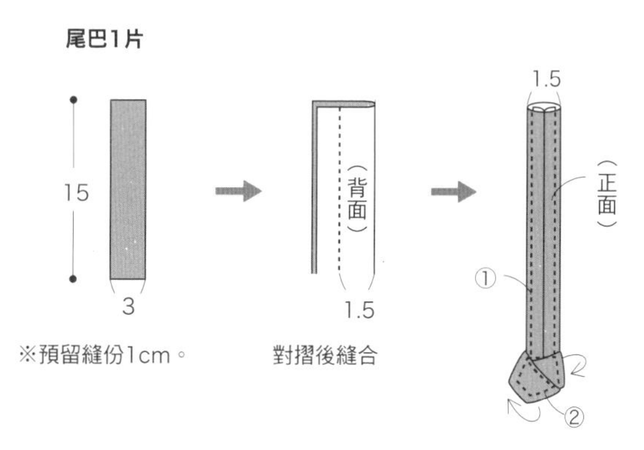

※預留縫份1cm。　　對摺後縫合

①翻回正面，縫合針目避免位於中心線上，兩端車縫針目。
②其中一端打結，車縫針目以固定打結處。

❶ 本體與裡布正面相對疊合，進行縫合。

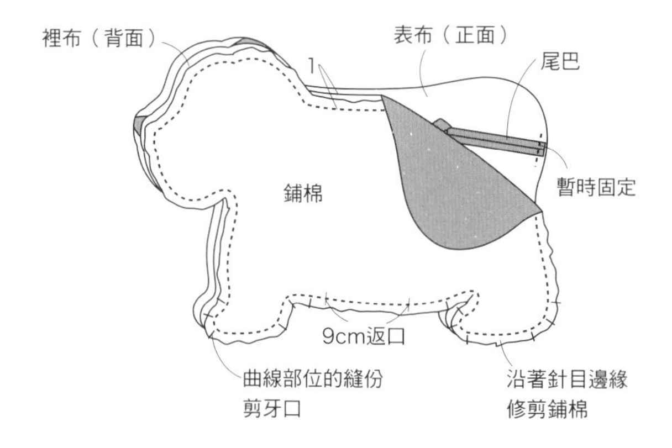

將尾巴暫時固定於本體，正面相對疊合裡布，疊合鋪棉，預留返口，縫合周圍。

❷ 翻回正面後進行壓線。

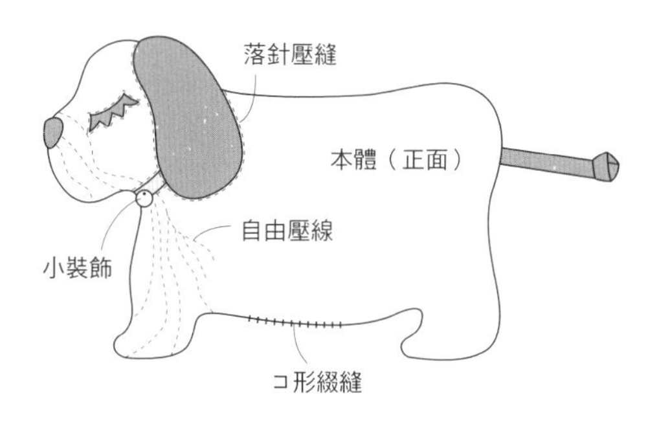

①翻回正面，縫合返口，進行壓線。
②固定小裝飾。

貓咪壁飾　P.27

▶A至I原寸紙型B面⑧

●**材料**
・各式拼接、貼布縫用布片
・鋪棉、胚布各50×50cm
・寬3.5cm包邊用斜布條185cm
・25號繡線 適量

●**作法重點**
・貓咪服裝沿著直線或布料圖案進行壓線。
・疊合3層，進行壓線後，挑縫至鋪棉，進行刺繡。

●**完成尺寸**　45×42cm

法國結粒繡

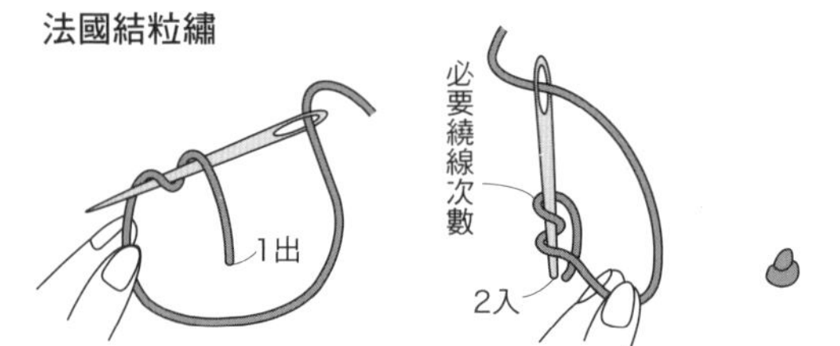

緞面繡

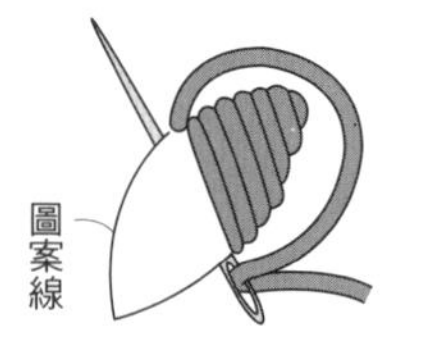

輪廓繡

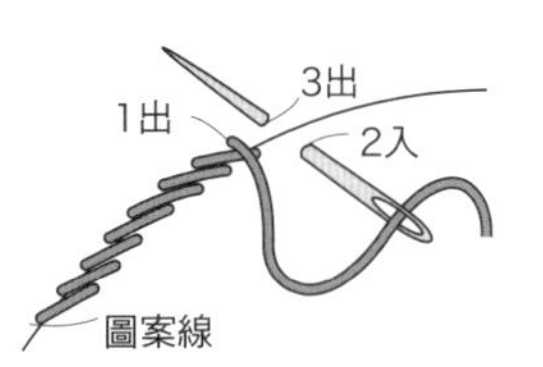

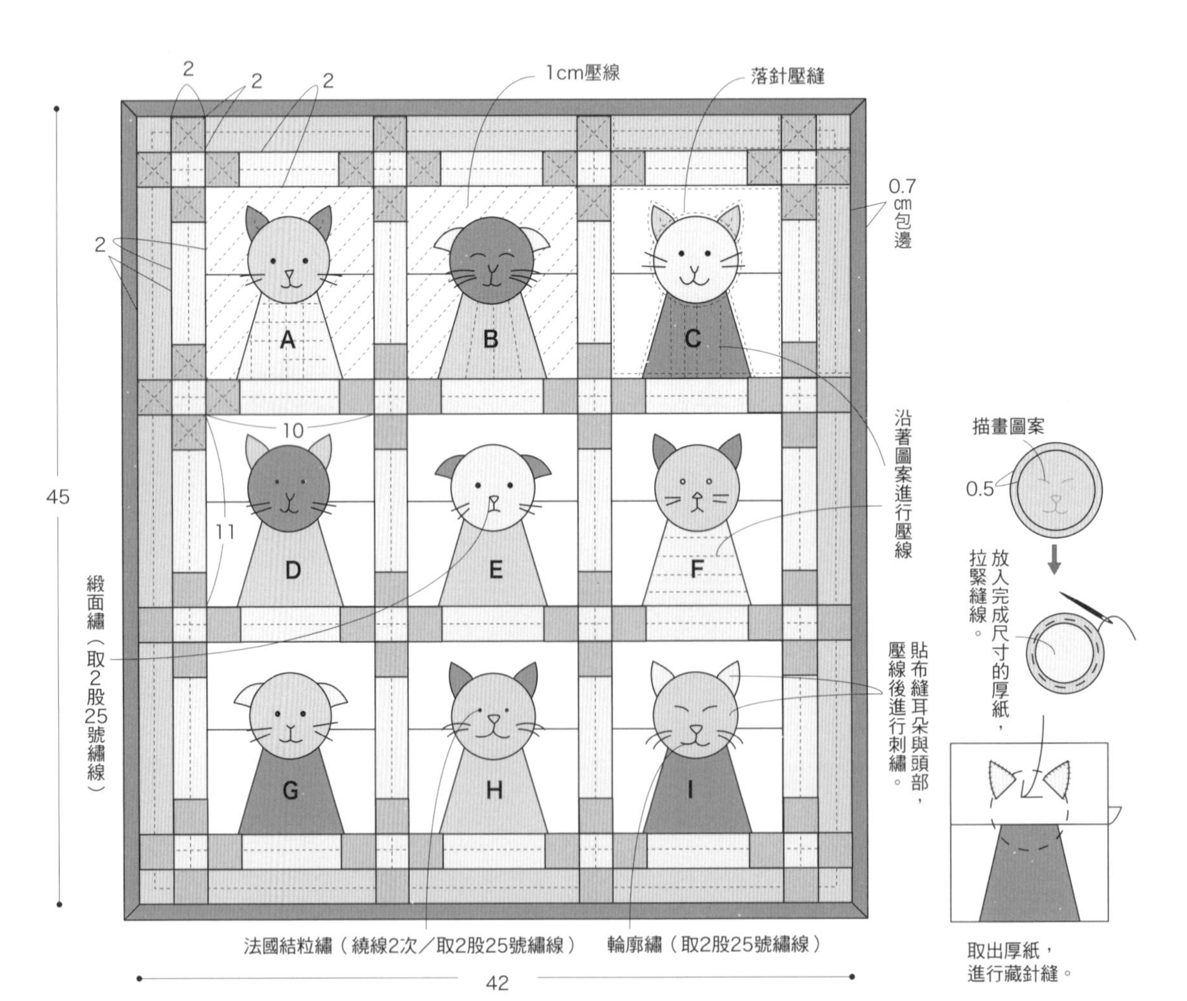

※預留縫份0.7cm。
（貼布縫預留0.3cm）
※疊合3層，進行壓線。

狗狗抱枕 P.27

▶原寸紙型B面⑨

●材料
- 各式拼接、貼布縫用布片
- 後片用布、鋪棉、胚布各60×40cm
- 長40cm拉鍊1條
- 25號繡線 適量

●作法重點
- 邊飾部分沿著圖案進行壓線。
- 胚布縫份裁大一點。

●完成尺寸　29×51cm

前片1片（表布、鋪棉、胚布各1片）

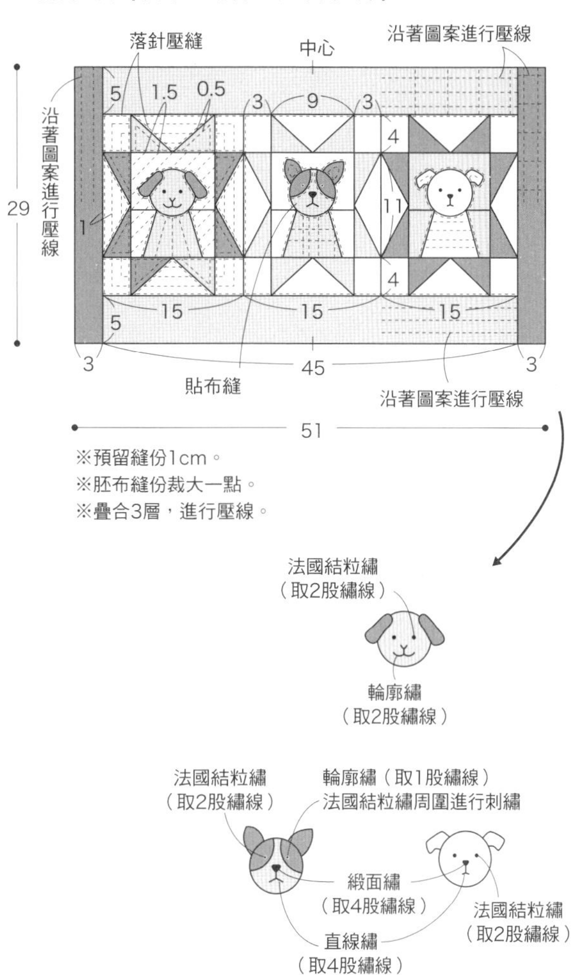

※預留縫份1cm。
※胚布縫份裁大一點。
※疊合3層，進行壓線。

後片各1片

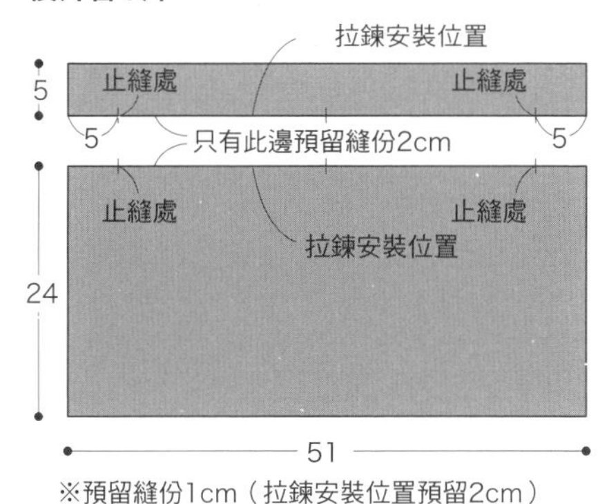

※預留縫份1cm（拉鍊安裝位置預留2cm）

❶ 後片安裝拉鍊。

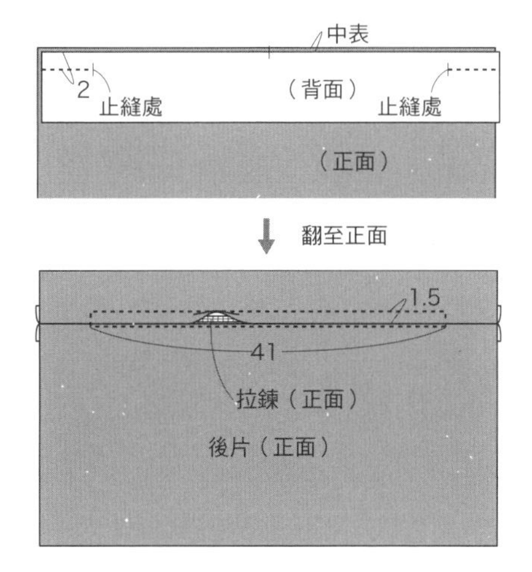

後片正面相對疊合，由邊端縫至止縫處，
翻回正面，疊縫於拉鍊上。

❷ 縫合前片與後片。

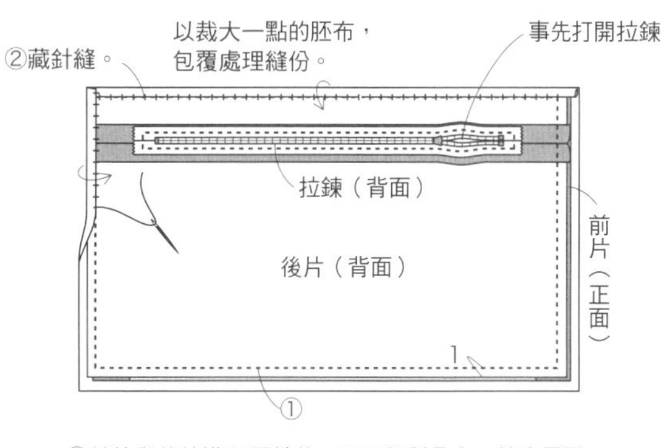

①前片與後片進行壓線後，正面相對疊合，縫合周圍。
②以胚布包覆處理縫份。

針插

P.28

（1至3月相同）
- 各式拼接用布片
- 後片用布15×15cm
  直徑1.2cm水滴珠、鈕釦各1顆
- 棉花適量

（4至6月相同）
- 各式拼接、貼布縫（僅5、6月使用）用布片、斜布條
- 後片用布10×10cm
- 棉花、裝飾各適量

（7至9月相同）
- 各式拼接用布片
- 下側用布10×10cm
- 棉花適量

（10至12月相同）
- 各式拼接、貼布縫用布片（僅11月使用）
- 後片用布15×10cm
- 側面用布35×5cm
- 棉花適量

●完成尺寸
（1至3月）10×10cm
（4至6月）直徑7×3.5至3.8cm
（7至9月）6×6×6cm
（10至12月）6×8.4×3cm

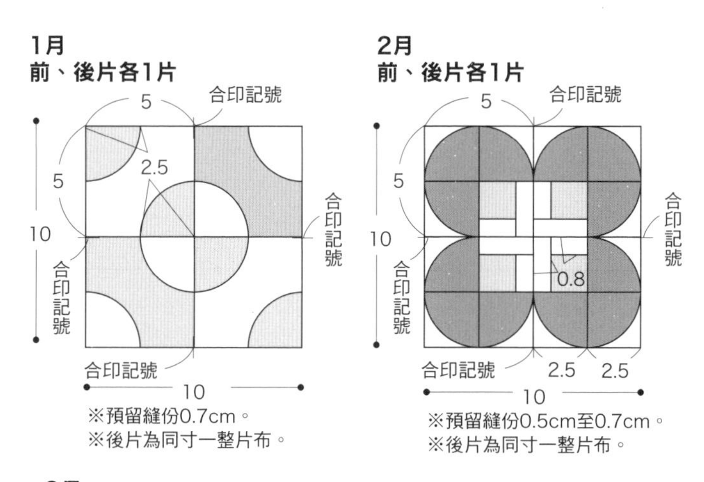

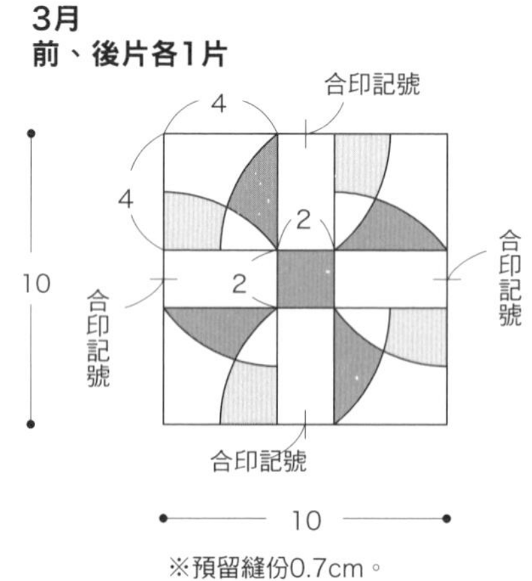

<1月至3月作法相同>

❶ 對齊角與剪牙口的合印後縫合。

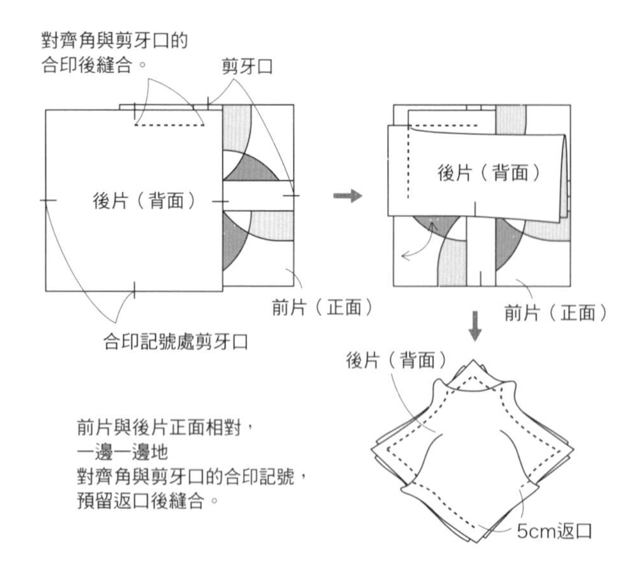

❷ 翻回正面，塞入棉花。

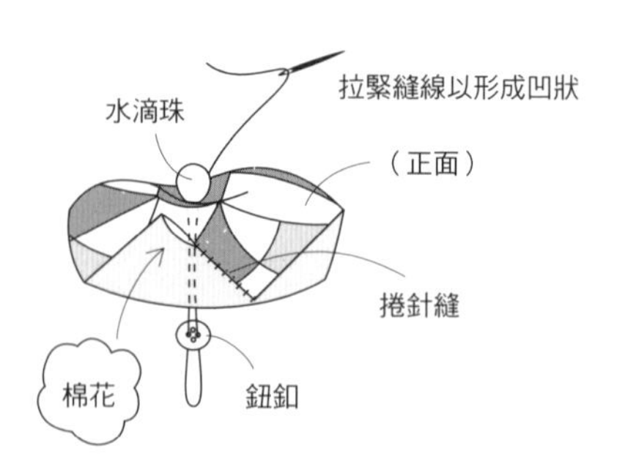

①翻回正面，塞入棉花，縫合返口。
②上、下縫上水滴珠與鈕釦，
用力拉緊縫線，使中心呈凹狀。

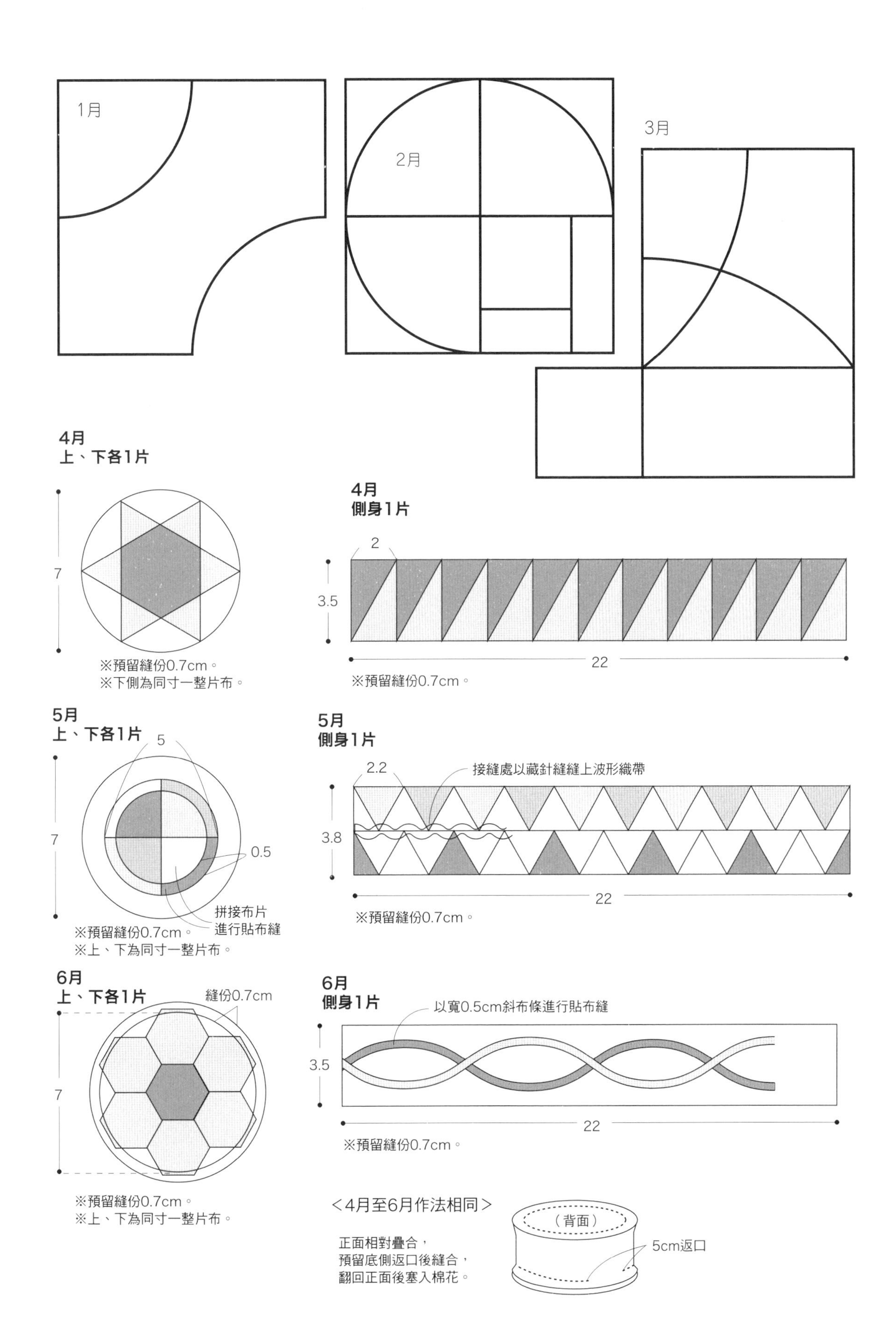
1月
2月
3月
4月
上、下各1片
7
※預留縫份0.7cm。
※下側為同寸一整片布。
4月
側身1片
2
3.5
22
※預留縫份0.7cm。
5月
上、下各1片
5
7
0.5
拼接布片
進行貼布縫
※預留縫份0.7cm。
※上、下為同寸一整片布。
5月
側身1片
2.2
接縫處以藏針縫縫上波形織帶
3.8
22
※預留縫份0.7cm。
6月
上、下各1片
縫份0.7cm
7
※預留縫份0.7cm。
※上、下為同寸一整片布。
6月
側身1片
以寬0.5cm斜布條進行貼布縫
3.5
22
※預留縫份0.7cm。
<4月至6月作法相同>
正面相對疊合，
預留底側返口後縫合，
翻回正面後塞入棉花。
（背面）
5cm返口

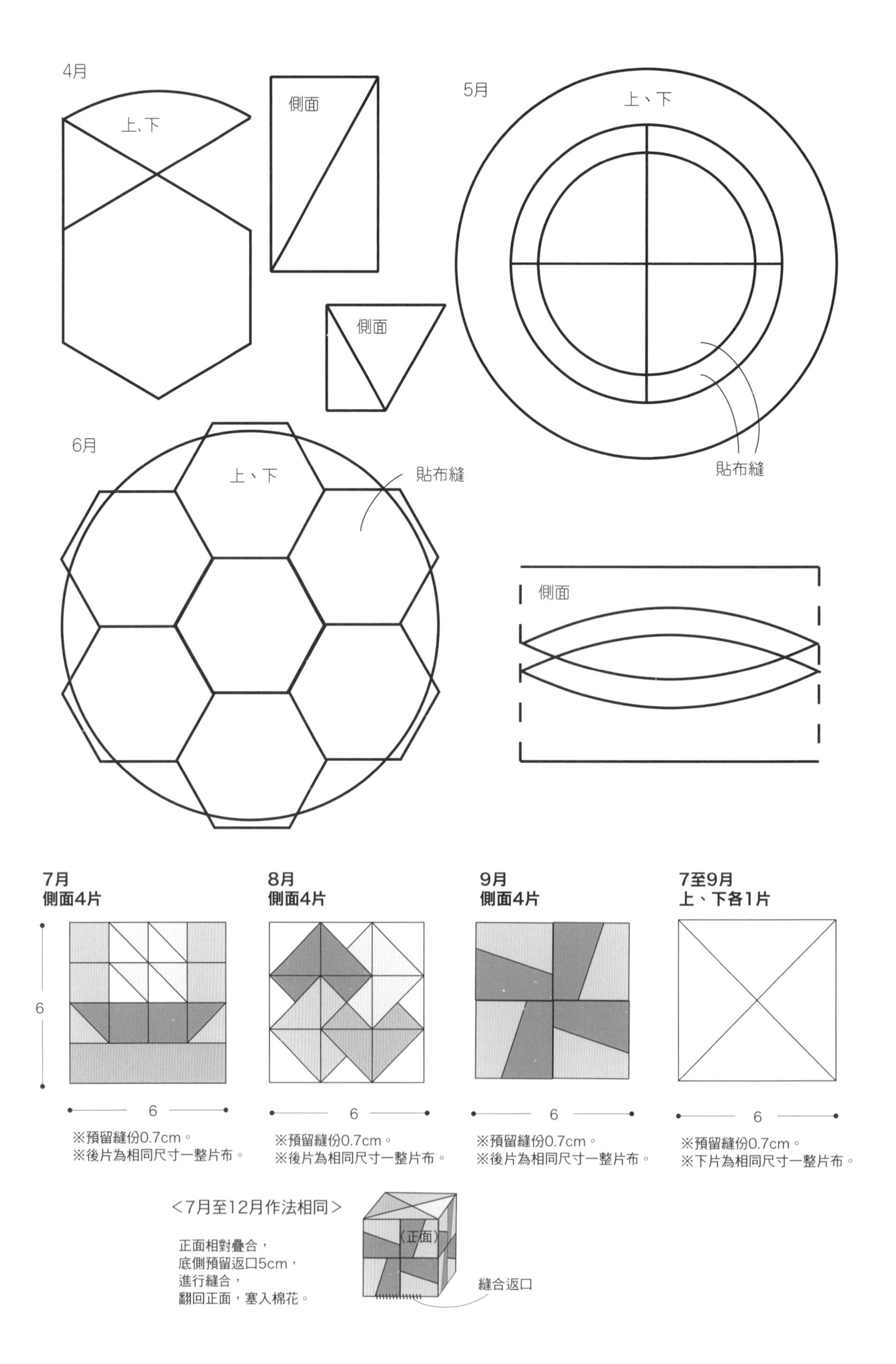
4月
上、下
側面
側面
5月
上、下
貼布縫
6月
上、下
貼布縫
側面
7月
側面4片
6
6
※預留縫份0.7cm。
※後片為相同尺寸一整片布。
8月
側面4片
6
※預留縫份0.7cm。
※後片為相同尺寸一整片布。
9月
側面4片
6
※預留縫份0.7cm。
※後片為相同尺寸一整片布。
7至9月
上、下各1片
6
※預留縫份0.7cm。
※下片為相同尺寸一整片布。
<7月至12月作法相同>
正面相對疊合，
底側預留返口5cm，
進行縫合，
翻回正面，塞入棉花。
(正面)
縫合返口

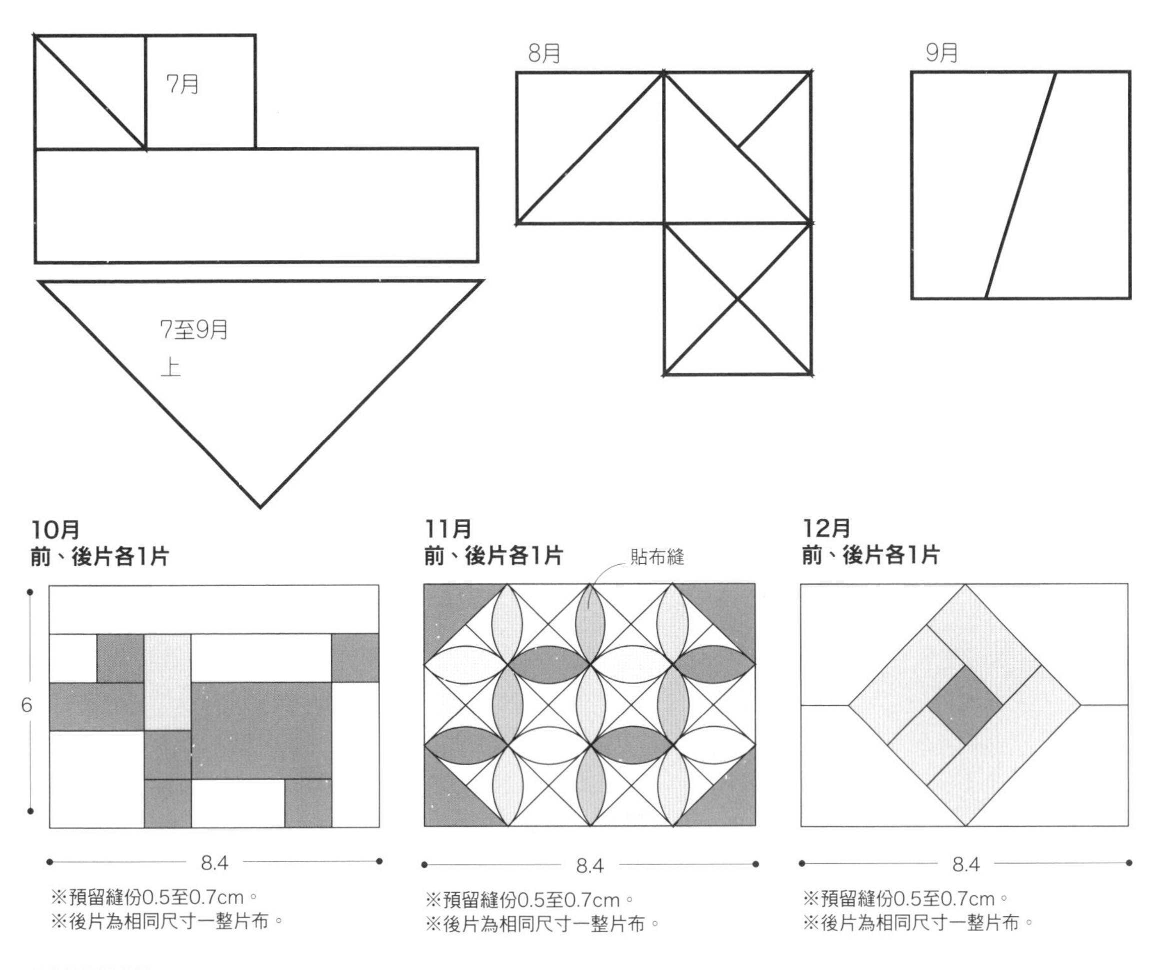

10月
前、後片各1片

11月
前、後片各1片

12月
前、後片各1片

※預留縫份0.5至0.7cm。
※後片為相同尺寸一整片布。

※預留縫份0.5至0.7cm。
※後片為相同尺寸一整片布。

※預留縫份0.5至0.7cm。
※後片為相同尺寸一整片布。

10月至12月
側面1片

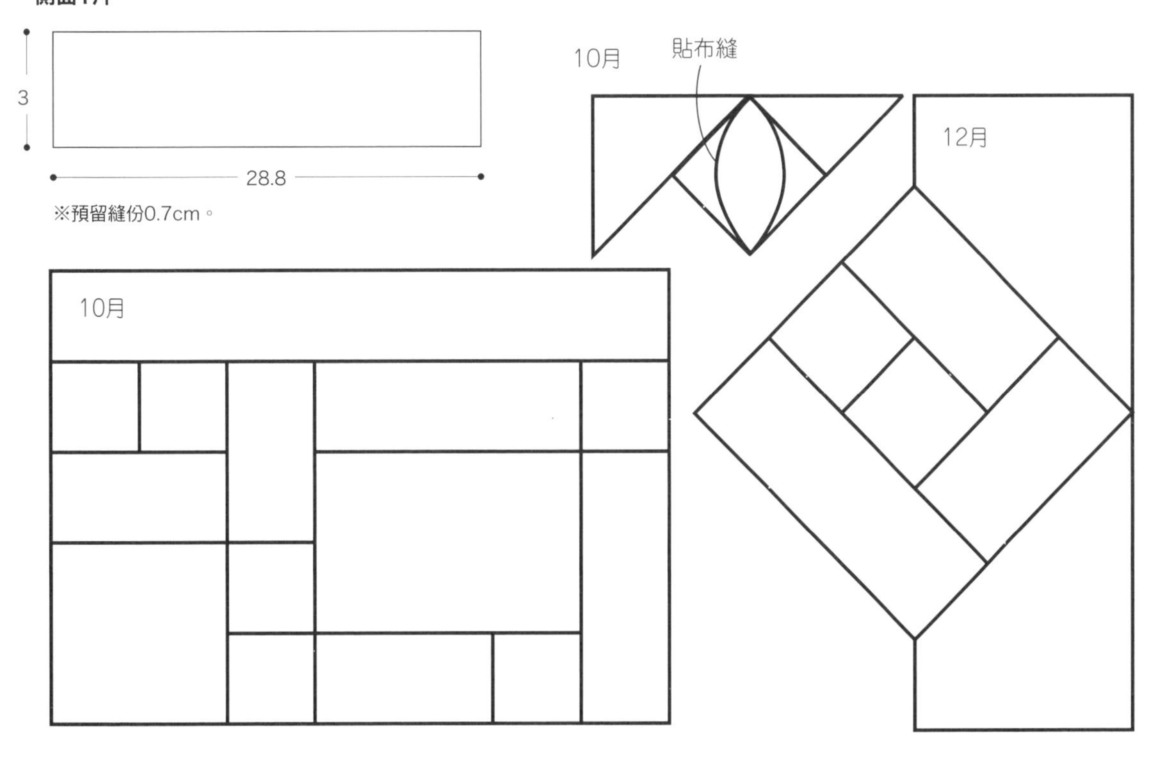

※預留縫份0.7cm。

手機袋（附袋蓋） P.30

・各式拼接用布片
・表布、鋪棉、胚布各30×30cm
・寬1.5cm提把固定片（蕾絲）15cm
・寬1cm提把固定片（織帶）45cm
・寬0.6cm吊耳用織帶10cm
・直徑1.3cm One Touch四合釦1組
・內徑1cm塑膠帶釦1組
・25號繡線適量

●作法重點
・對齊兩脇邊的圖案位置，裁剪前片與後片表布。

●完成尺寸 18.5×12cm

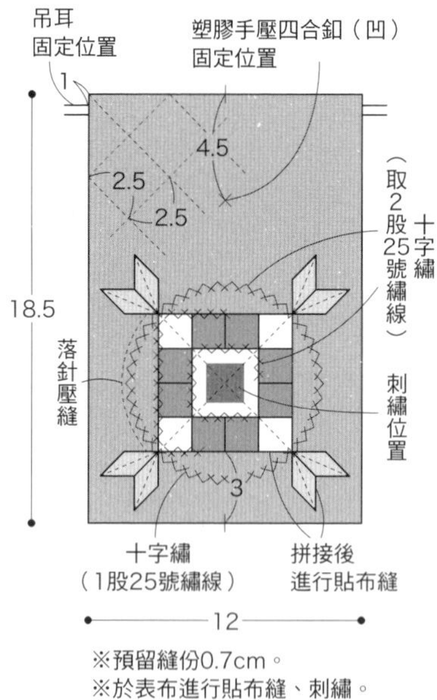

※預留縫份0.7cm。
※於表布進行貼布縫、刺繡。

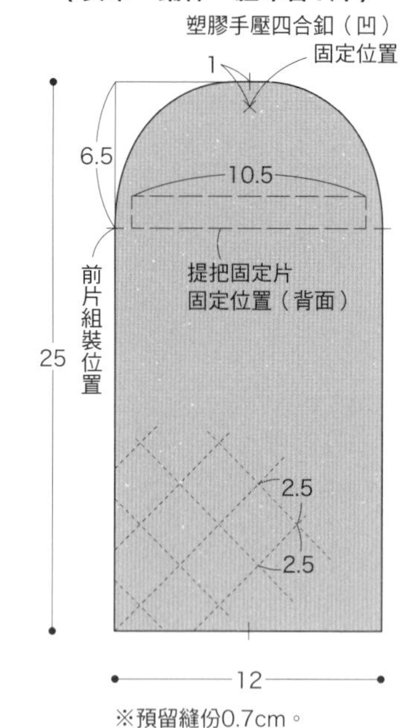

※預留縫份0.7cm。

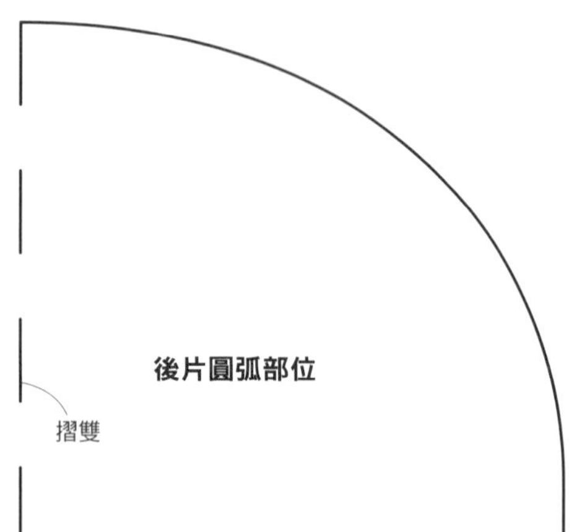

❶ 製作前片與後片。

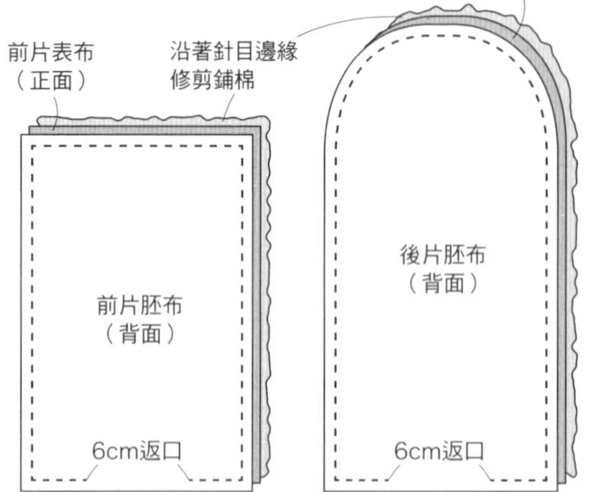

①表布疊上鋪棉後，與胚布正面相對疊合，進行縫合。
②翻回正面，縫合返口，進行壓線。

❷ 正面相對縫合前片與後片。

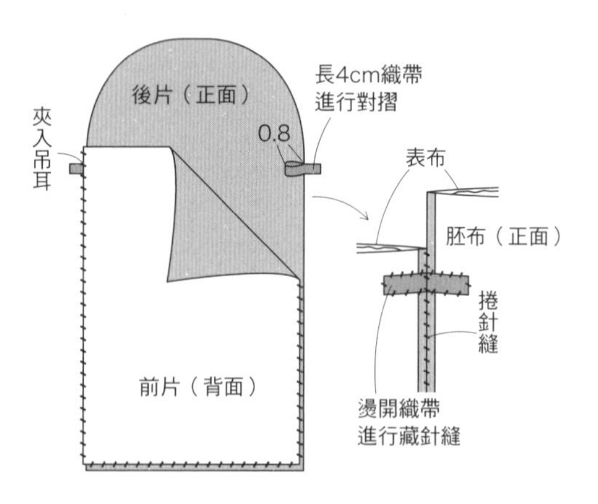

前片與後片正面相對疊合，
挑縫表布，縫合周圍，翻回正面。

❸ 組裝提把固定片。

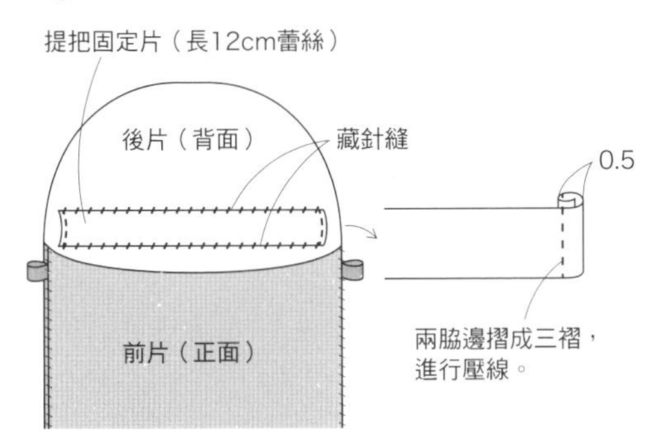

後片背面疊上提把固定片，
挑縫至鋪棉，進行藏針縫。

❹ 安裝提把。

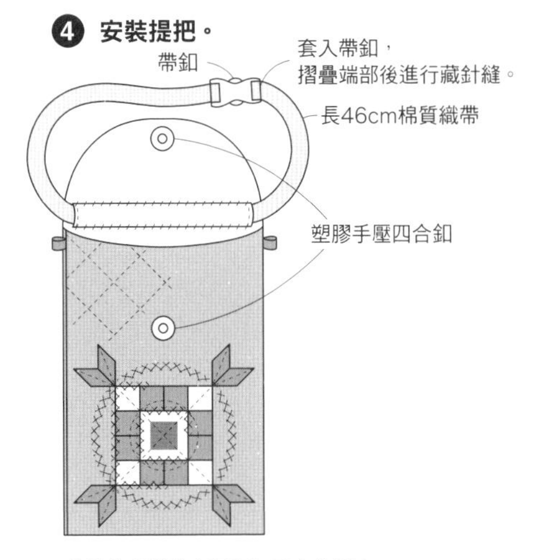

①將棉質織帶穿過提把固定片部分，
織帶兩端套入帶釦後固定。
②前片與後片安裝塑膠手壓四合釦。

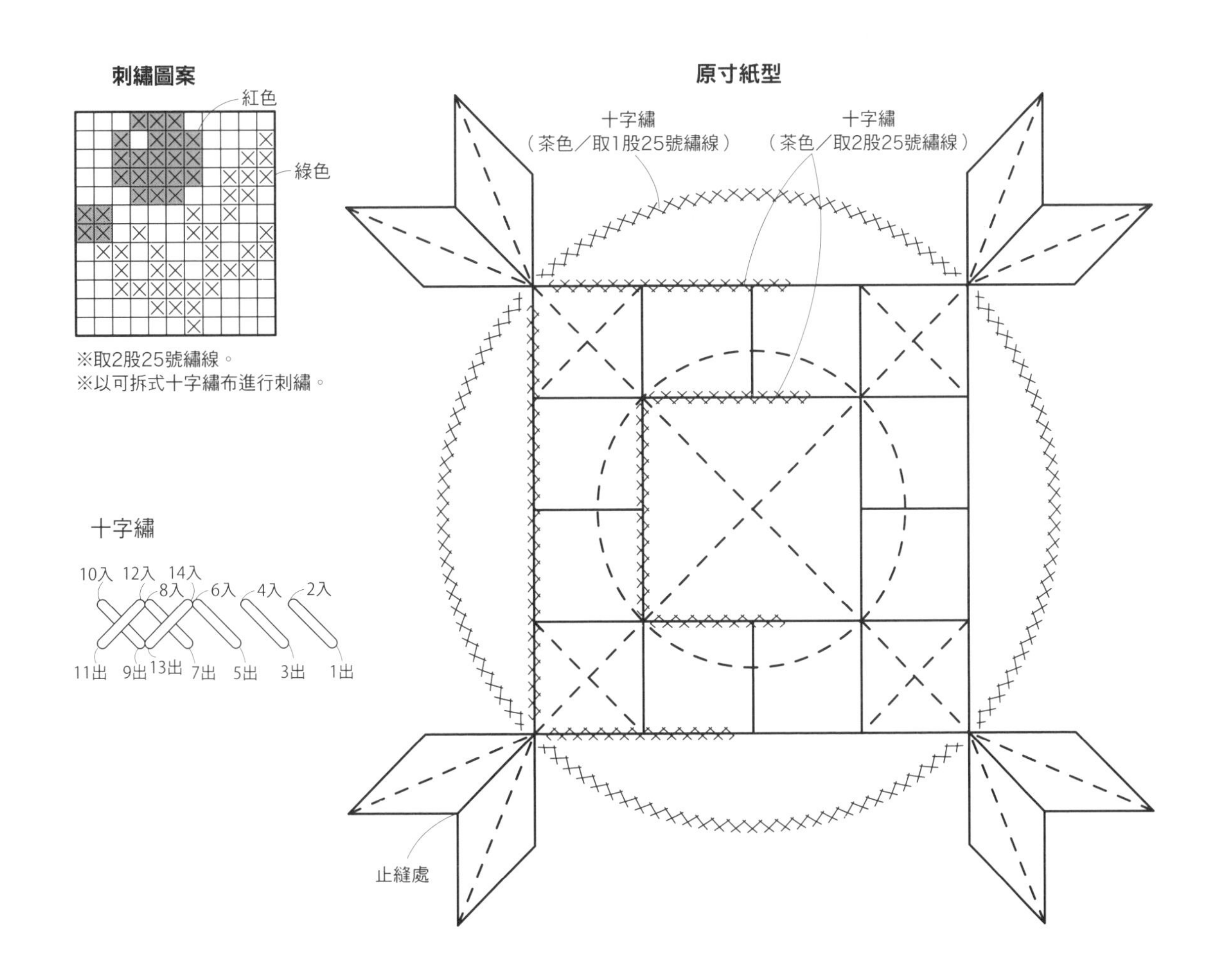

手機袋（對摺） P.30

●材料
・各式拼接用布片
・表布、鋪棉、胚布、裡布各25×25cm
・口袋用布10×25cm
・釦絆用布15×5cm
・塑膠板20×20cm
・直徑1cm薄形縫式磁釦1組
・市售iPhone手機殼1個
・厚接著襯（Shakitto接著襯）、25號繡線、透明線各適量

●作法重點
挑縫裡布，以透明線縫住iPhone手機殼。

●完成尺寸 17×9cm

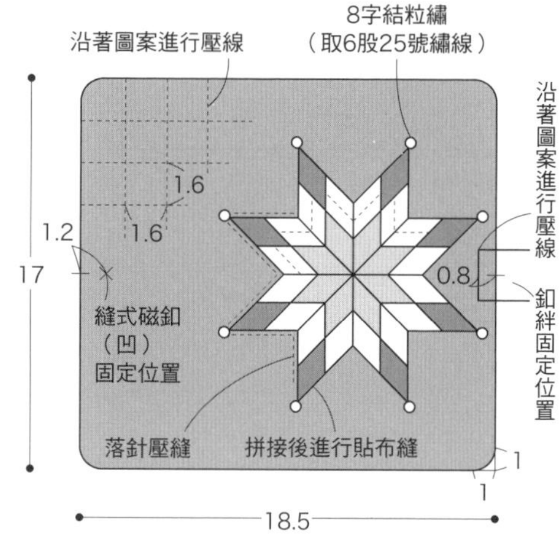

※預留縫份0.7cm。
※圖案中心縫份倒向相同方向，拼接後進行貼布縫。

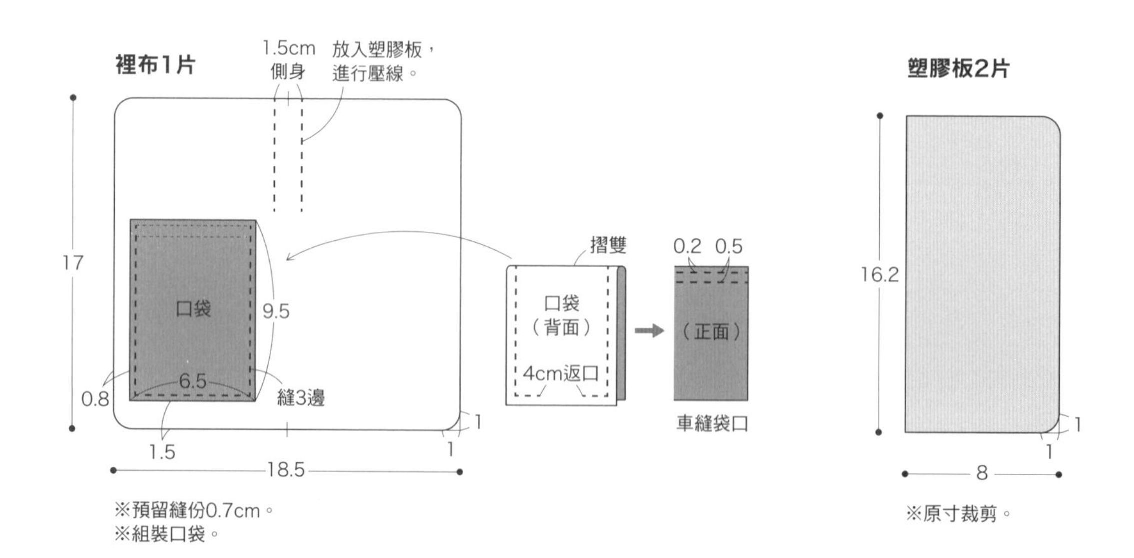

※預留縫份0.7cm。
※組裝口袋。

※原寸裁剪。

釦絆1片（表布、厚接著襯各1片）

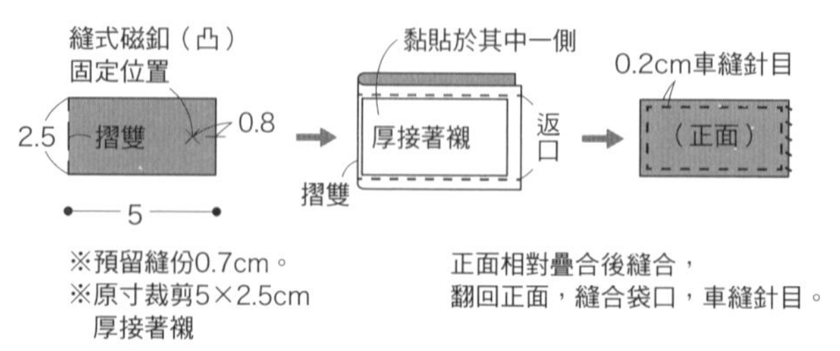

※預留縫份0.7cm。
※原寸裁剪5×2.5cm厚接著襯

正面相對疊合後縫合，
翻回正面，縫合袋口，車縫針目。

❶ 本體與裡布正面相對縫合。

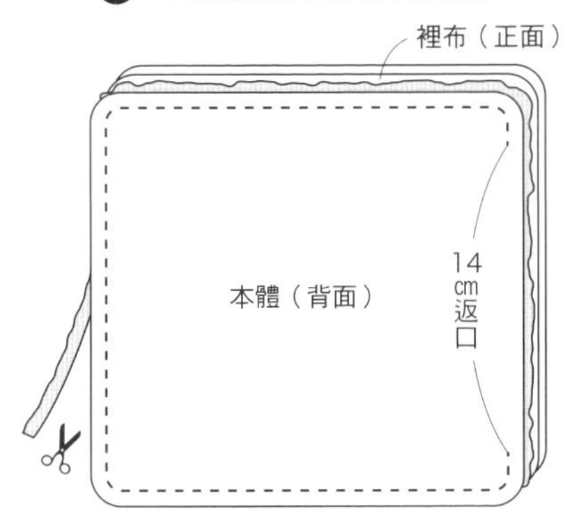

本體與裡布正面相對疊合，進行縫合，
翻回正面。

❷ 放入塑膠板。

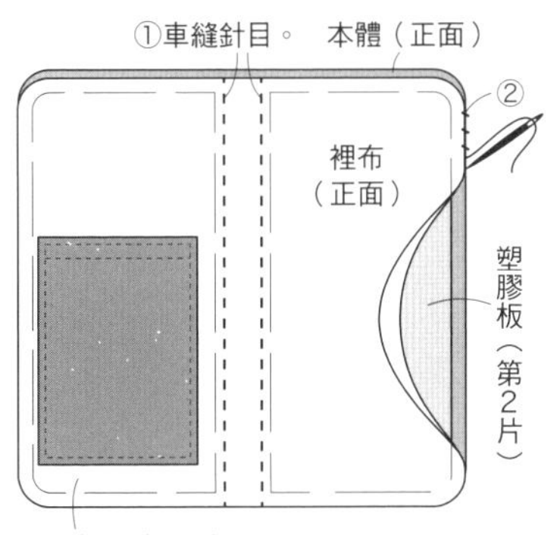

①放入第1片塑膠板，挑縫至鋪棉，
側身進行壓線。
②放入第2片塑膠板，縫合返口。

❸ 組裝手機殼。

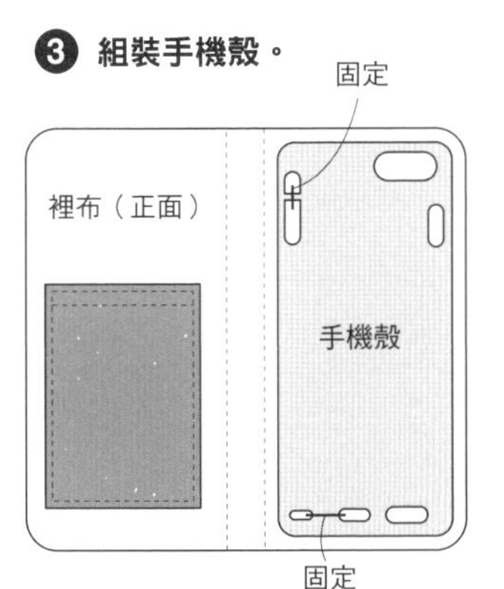

利用開孔處
將市售iPhone手機殼固定在裡布上。

❹ 固定釦絆。

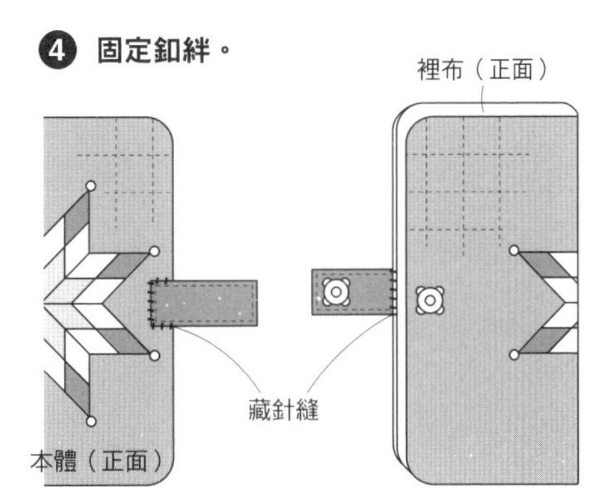

①挑縫至鋪棉，縫住釦絆。
②固定縫式磁釦。

布片
原寸紙型

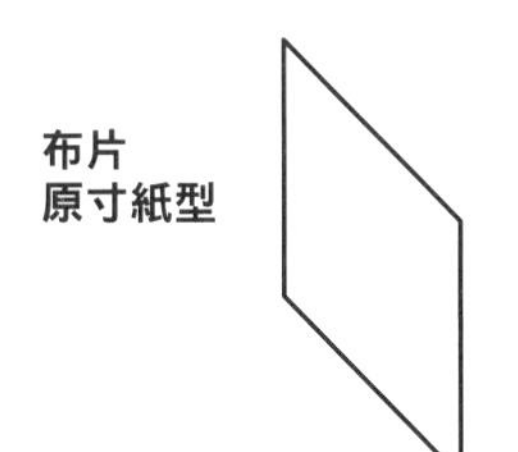

8字結粒繡

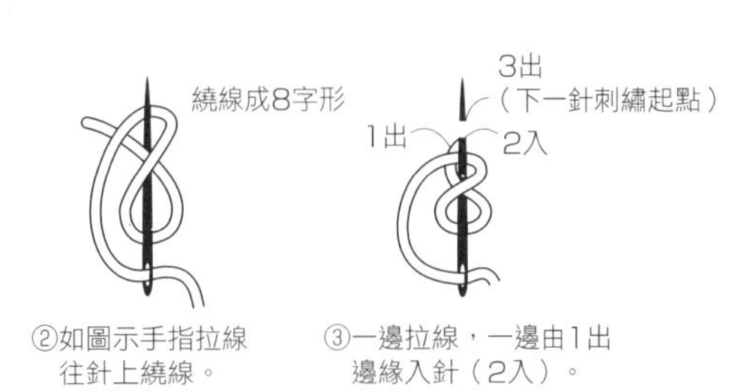

①針由台布背面穿出（1出）後掛線。

②如圖示手指拉線往針上繞線。

③一邊拉線，一邊由1出邊緣入針（2入）。

手機袋（蛙嘴口金） P.30

▶原寸紙型A面⑬

● 材料
- 各式拼接用布片
- 鋪棉、胚布各25×25cm
- 外尺寸18.5×10cm L形蛙嘴口金（縫式）1個
- 25號繡線 適量

● 完成尺寸　19.5×11cm

本體1片（表布、鋪棉、胚布各1片）

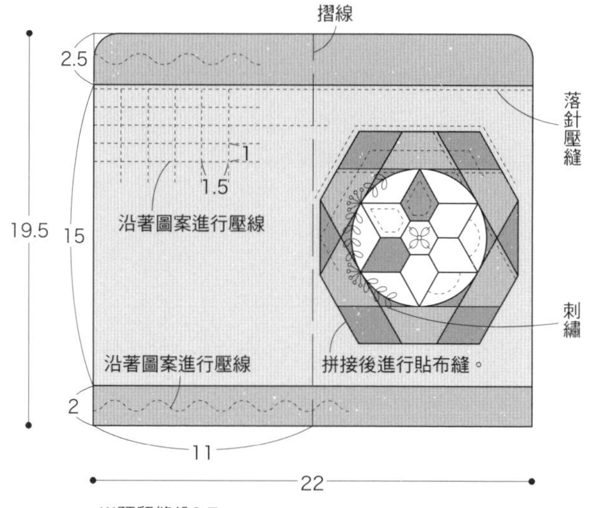

※預留縫份0.7cm。
※縫份倒向深色側後，拼接圖案，進行貼布縫、刺繡。

❶ 製作本體。

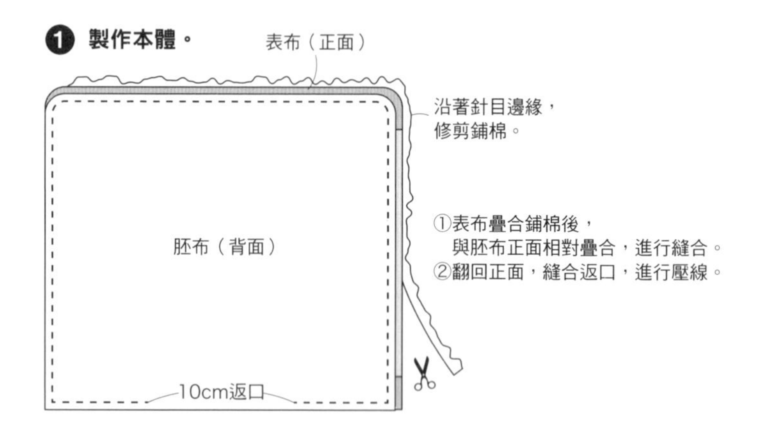

❷ 縫合袋底。

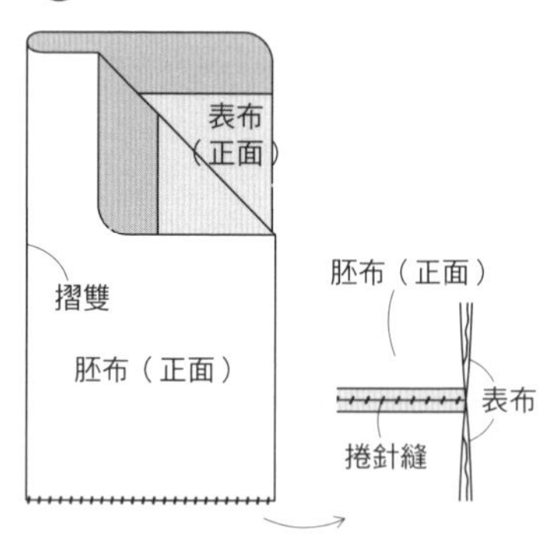

正面相對疊合，挑縫表布，
縫合袋底，翻回正面。

❸ 安裝蛙嘴口金。

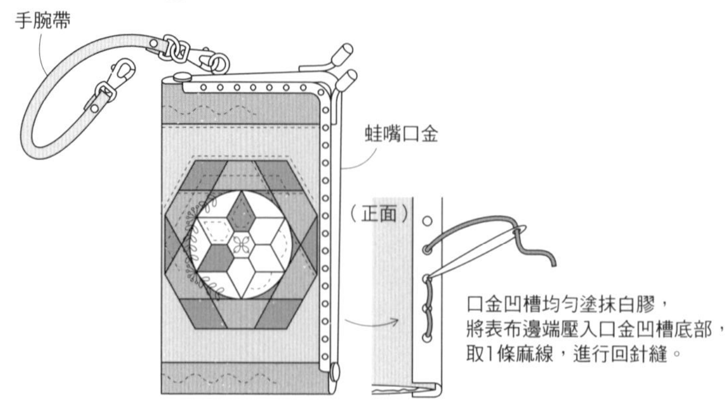

四季蛙嘴口金包　P.32

▶四件原寸紙型B面⑪

●材料（1件的用量）
- ・本體用表布各50×20cm
- ・袋底側身用布35×15cm
- ・胚布、鋪棉各85×20cm
- ・寬12cm蛙嘴口金1個
- ・25號繡線適量

●作法重點
- ・（4件相同）本體與袋底側身的表布、胚布分別以捲針縫進行縫合。

●完成尺寸　12×19×8.5cm

＜4件相同＞

本體2片（表布、鋪棉、胚布各2片）

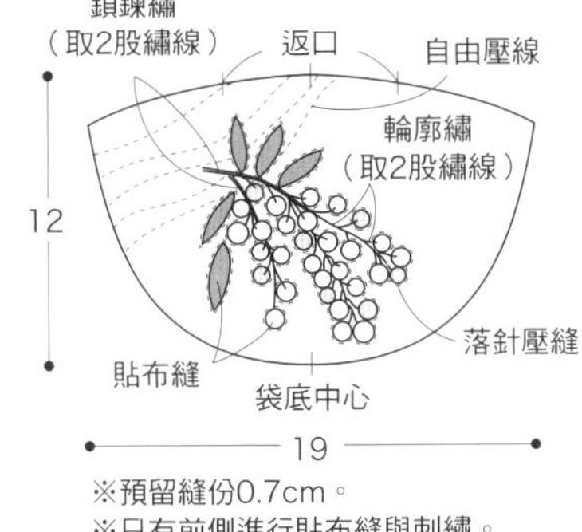

※預留縫份0.7cm。
※只有前側進行貼布縫與刺繡。

袋底側身1片（表布、鋪棉、胚布各1片）

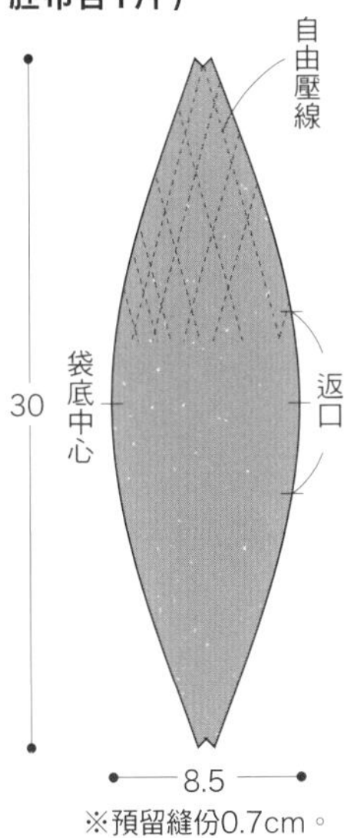

※預留縫份0.7cm。

＜作法相同＞

❶ 製作本體與袋底側身。

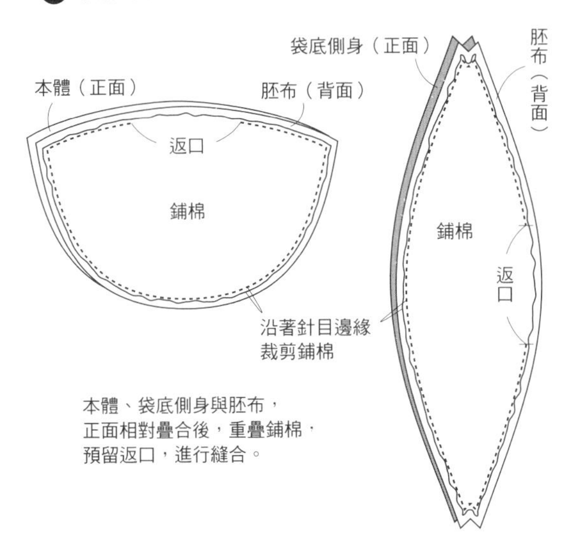

❷ 翻回正面，進行壓線。

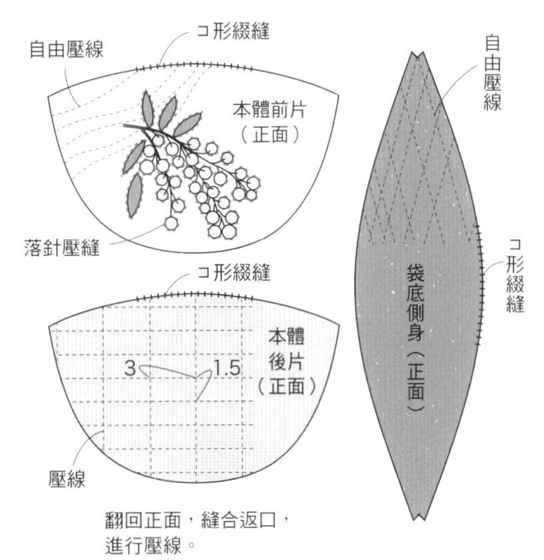

❸ 縫合本體與袋底側身。

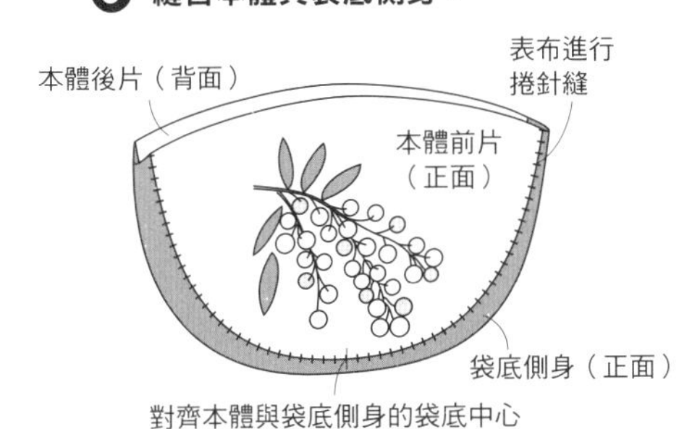

❹ 安裝蛙嘴口金。

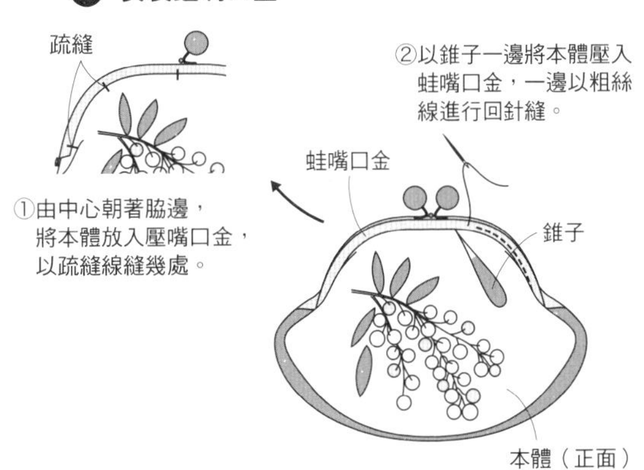

花朵桌飾&桌墊　P.34

▶原寸紙型A面⑭

●材料
(桌飾)
・各式貼布縫用布片
・本體用布、裡布各95×45cm
(桌墊)※1件用量
・各式貼布縫用布片
・本體用布、鋪棉、裡布各45×35cm
・25號繡線適量

●作法重點
・(相同)莖部貼布縫用布進行斜裁。
・(桌墊)鋪棉使用超薄類型。

●完成尺寸
(桌飾)40×90cm
(桌墊)30×42cm

桌墊
本體1片(表布、鋪棉、裡布各1片)

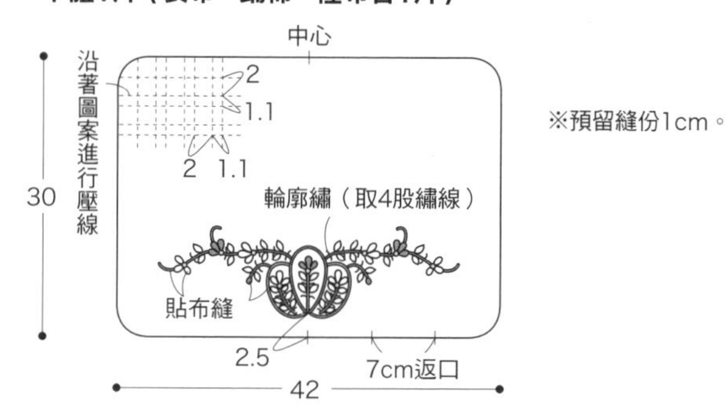

※預留縫份1cm。

本體1片(表布、鋪棉、裡布各1片)

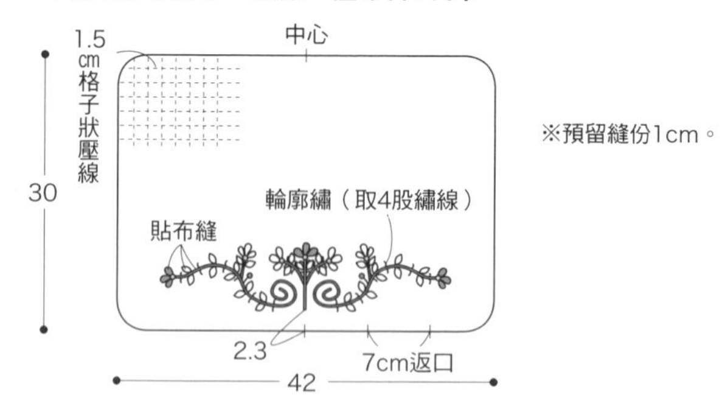

※預留縫份1cm。

桌飾
本體1片(表布、裡布各1片)

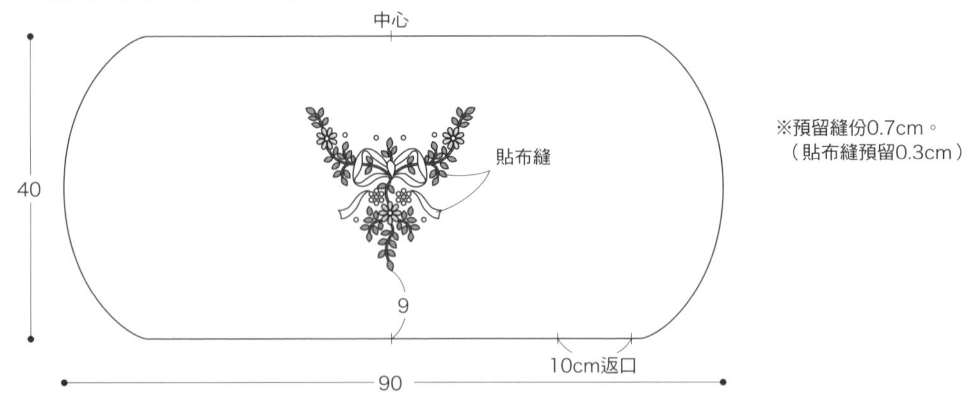

※預留縫份0.7cm。
(貼布縫預留0.3cm)

<作法相同>

❶ 表布與裡布正面相對縫合。

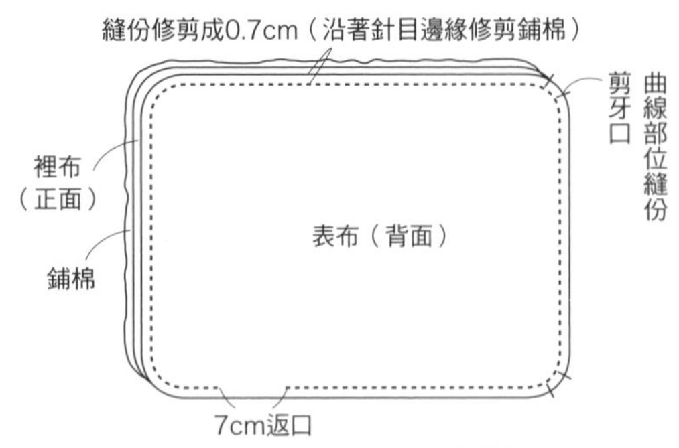

表布與裡布正面相對疊合,疊在鋪棉上,
預留返口,縫合周圍。
※桌飾不使用鋪棉。

❷ 翻回正面,進行壓線。

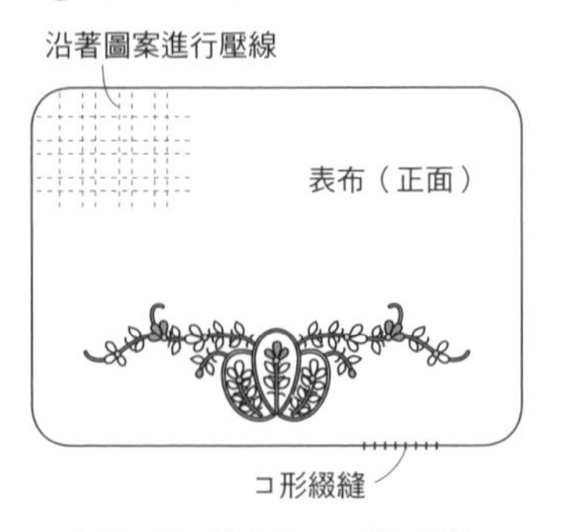

翻回正面,縫合返口,進行壓線。
※桌飾不進行壓線。

布書衣　P.36

▶原寸紙型B面⑫

●材料

（盆栽圖案）
- 各式貼布縫用布片
- 本體用布、裡布各45×20cm
- 寬2.4cm麻質織帶20cm
- 寬0.3cm波形織帶20cm
- 長1.3cm串珠1顆

（枝條＆花圖案）
- 各式貼布縫用布片
- 本體用布、裡布各45 × 20cm
- 寬1.5cm・0.6cm麻質織帶各20cm
- 長1.9cm串珠1顆
- 25號繡線 適量

●作法重點
- （相同）由摺線處摺疊部分的表布進行捲針縫。
- （相同）莖部與枝條貼布縫用布進行斜裁。

●完成尺寸　15.5×12cm

本體1片（表布、裡布各1片）

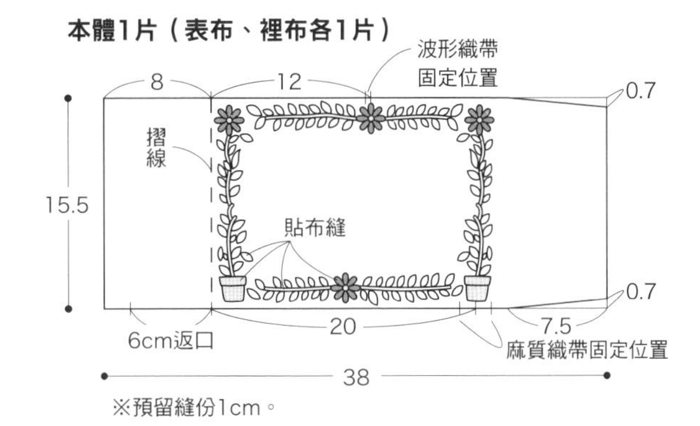

※預留縫份1cm。

本體1片（表布、裡布各1片）

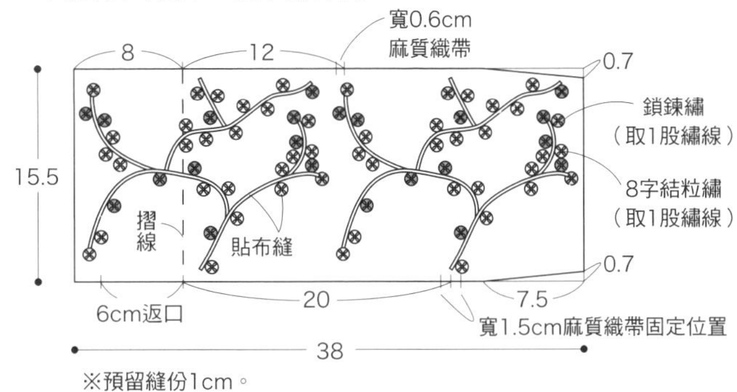

※預留縫份1cm。

＜作法相同＞

❶ 本體與裡布正面相對疊合後進行縫合。

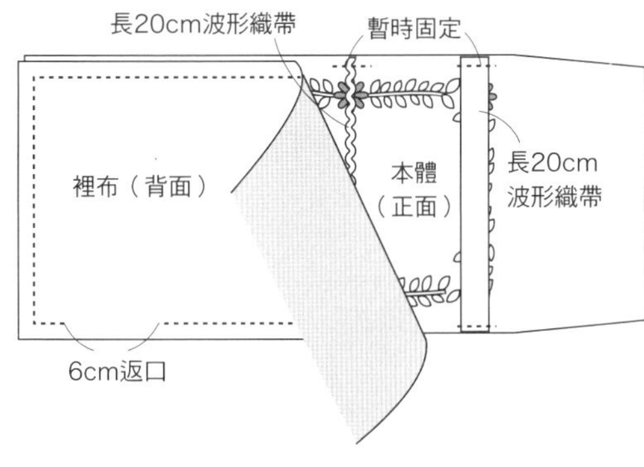

將麻質織帶與波形織帶暫時固定於本體，
與裡布正面相對疊合，預留返口，縫合周圍。

❷ 翻回正面，縫合返口。

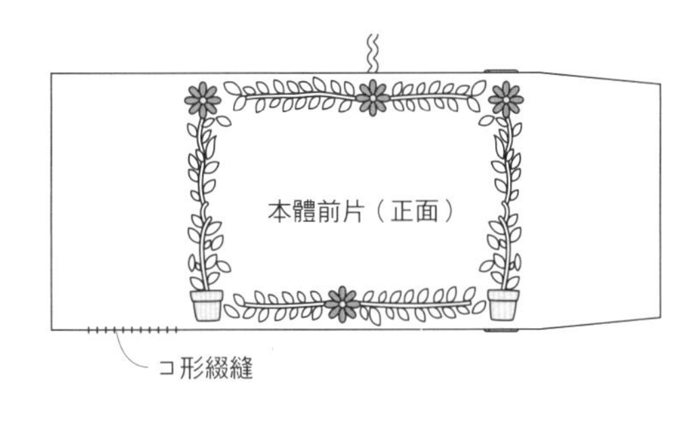

翻回正面，縫合返口。

❸ 於摺線處進行捲針縫，縫本體的邊端。

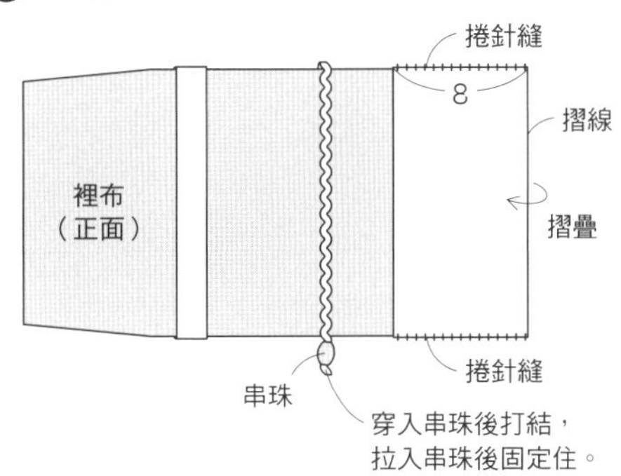

鎖鍊繡

①其中一端，
由摺線處
摺向裡布側，
進行捲針縫。
②將串珠縫在
波形織帶上。

3出　1出　2入　圖案線

筆袋（拉鍊式）　P.37

●材料
- 各式貼布縫用布片
- 本體用布（包含側身、斜布條部分）
  胚布各40×20cm
- 鋪棉30×20cm
- 長20cm拉鍊1條
- 心形裝飾釦1顆
- 拉鍊尾片、25號繡線各適量

●作法重點
- 莖部貼布縫用布進行斜裁。
- 側身車縫壓線。

●完成尺寸　18×18×4cm

本體1片（表布、鋪棉、胚布各1片）

法國結粒繡（取6股繡線）
中心　0.8
1.5　1.5
法國結粒繡（取1股繡線）
側身固定位置
貼布縫
14
裝飾釦固定位置
側身接縫位置
輪廓繡（取1股繡線）
1.5　1.5
沿著圖案進行壓線
18

※預留縫份0.7cm。
※疊合3層，進行壓線。

側身2片（表布、鋪棉、胚布各2片）　**拉鍊尾片2片**

※預留縫份0.7cm。
※疊合3層，進行壓線。

❶ 本體與側身分別疊合3層後進行壓線。

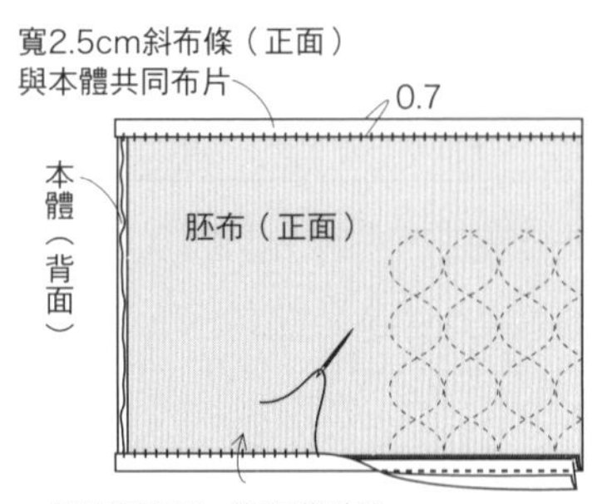

①疊合3層後，完成壓線的本體上、下，以斜布條包覆處理縫份。
②側身與胚布正面相對疊合，疊在鋪棉上，縫合袋口，翻回正面，車縫針目。

❷ 縫合本體與側身。

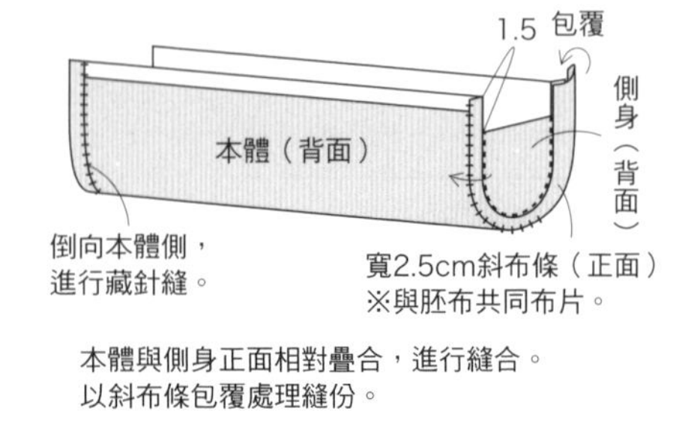

本體與側身正面相對疊合，進行縫合。
以斜布條包覆處理縫份。

❸ 安裝拉鍊。

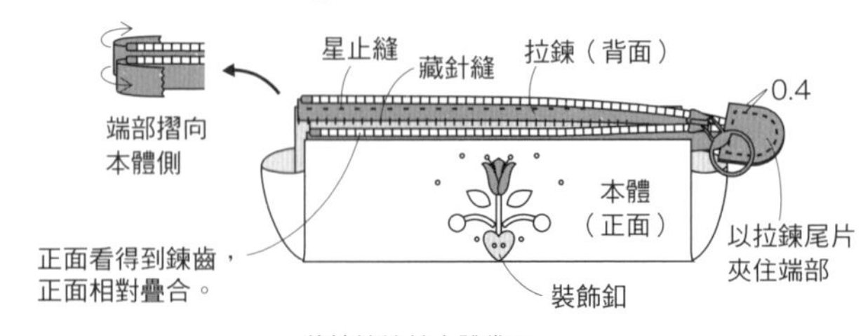

將拉鍊縫於本體袋口

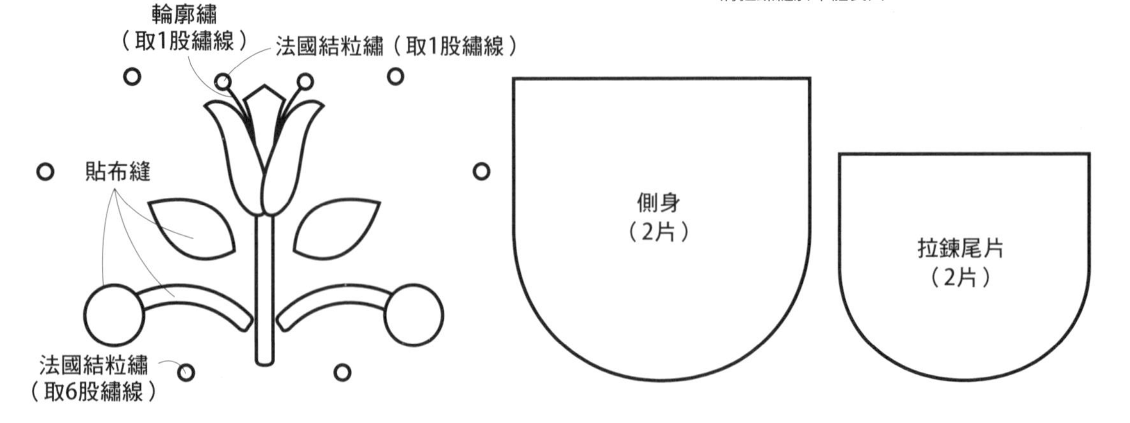

筆袋（磁釦式） P.37

▶原寸紙型B面⑬

●材料
- 貼布縫用布片
- 本體用布、鋪棉、胚布各35×25cm
- 直徑1cm縫式磁釦1組
- 心形裝飾釦1個
- 25號繡線 適量

●作法重點
- 莖部貼布縫用布進行斜裁。

●完成尺寸　7×16×6cm

本體1片（表布、鋪棉、胚布各1片）

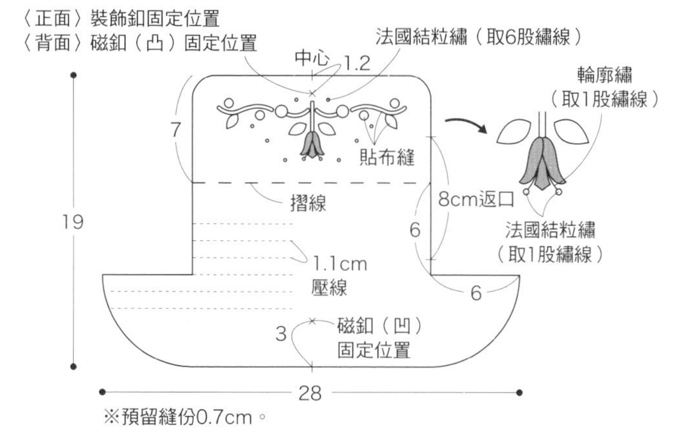

※預留縫份0.7cm。

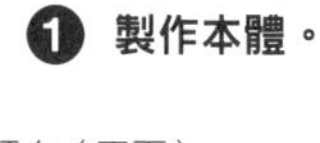

❶ 製作本體。

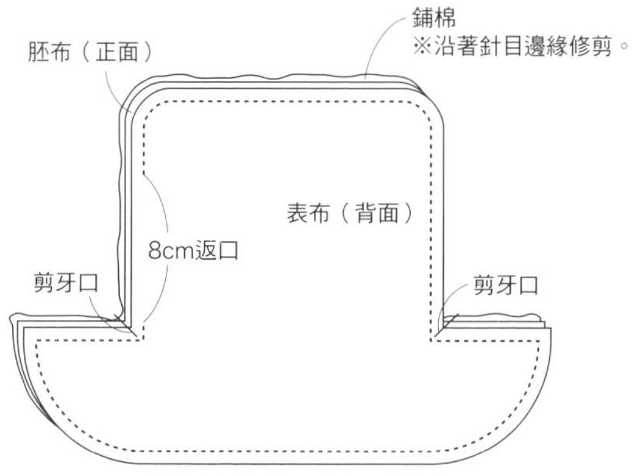

表布與胚布正面相對疊合後，疊在鋪棉上，
預留返口，縫合周圍。

❷ 翻回正面，進行壓線。

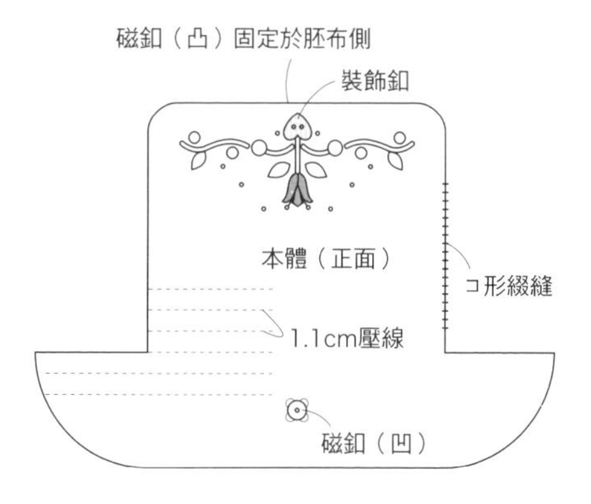

①翻回正面，縫合返口，進行壓線。
②依序固定裝飾釦、磁釦。

❸ 脇邊進行捲針縫。

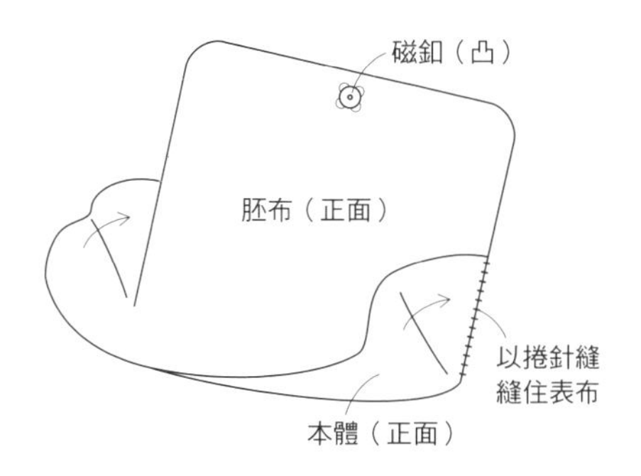

本體脇邊併攏，表布進行捲針縫。

花朵小壁飾 P.41

▶A至E原寸紙型B面⑭

●材料

（貼布縫）
- 各式拼接、貼布縫用布片
- 鋪棉、胚布各35×25cm
- 寬2.5cm緣布用斜布條115cm
- 25號繡線 適量

（拼接）
- 各式拼接用布片
- 鋪棉、胚布各40×30cm
- 寬2.5cm緣布用斜布條125cm

●完成尺寸

（貼布縫）21×31cm
（拼接）23×34cm

<作法相同>

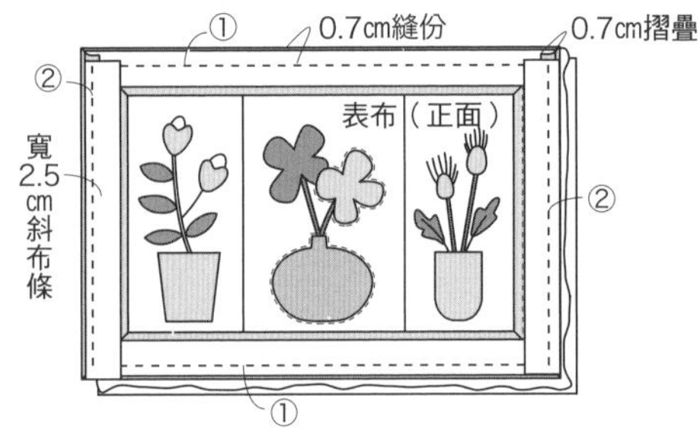

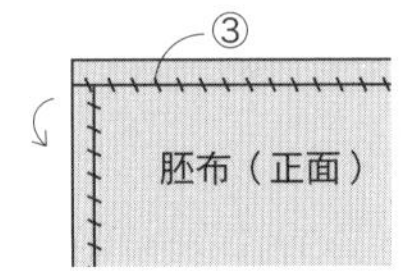

①疊合3層後完成壓線的表布上、下，重疊緣布，進行縫合。
※左右縫份摺疊0.7cm。
②左右重疊緣布，進行縫合。
③反摺緣布，修剪掉多餘的鋪棉，摺入邊端，進行藏針縫。

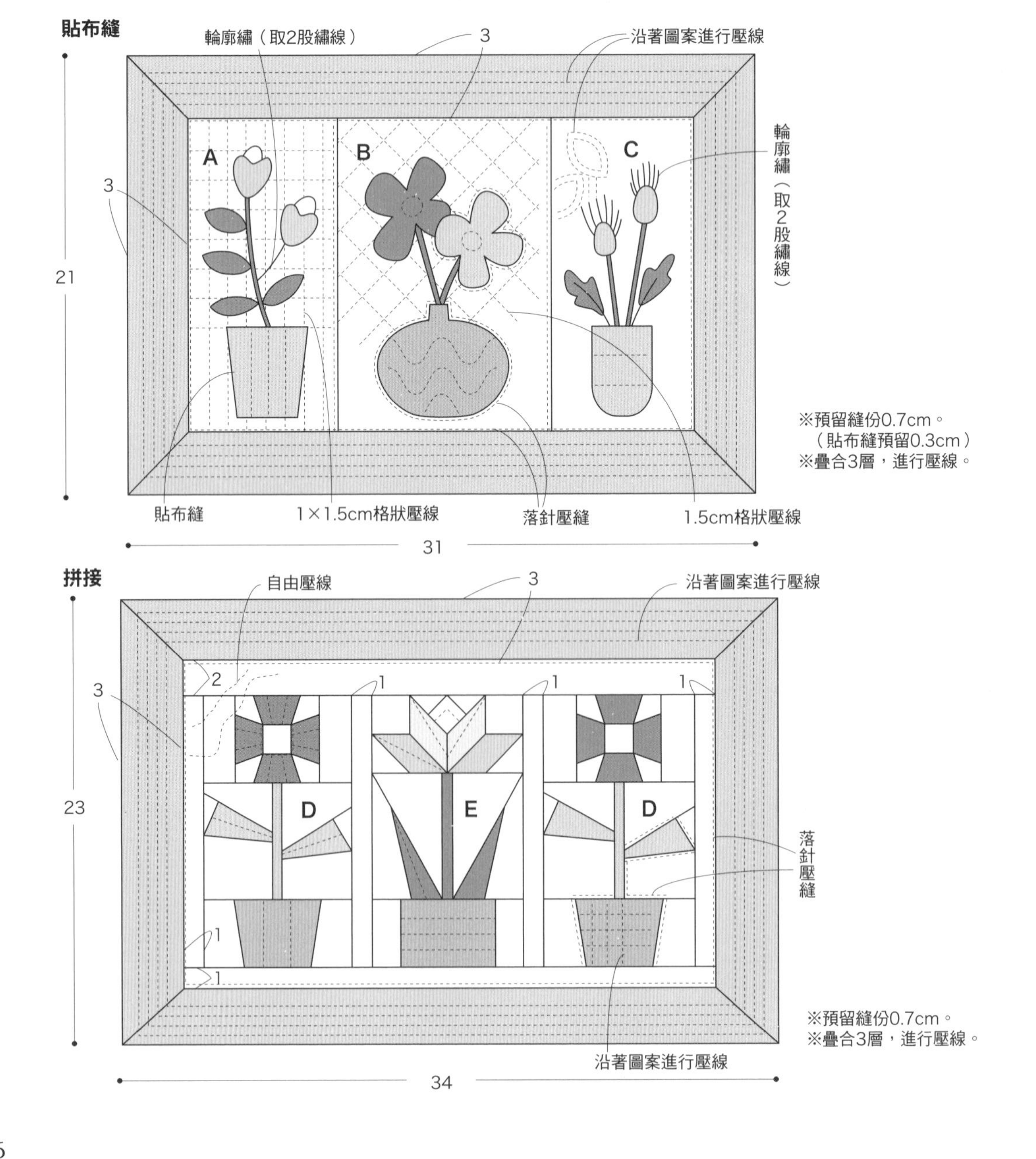

花園壁飾

P.40

●材料

（貼布縫）

・各式拼接、貼布縫用布片

・鋪棉、胚布各60×60cm

・寬4cm包邊用斜布條235cm

・25號繡線 適量

●完成尺寸　54.9×54.9cm

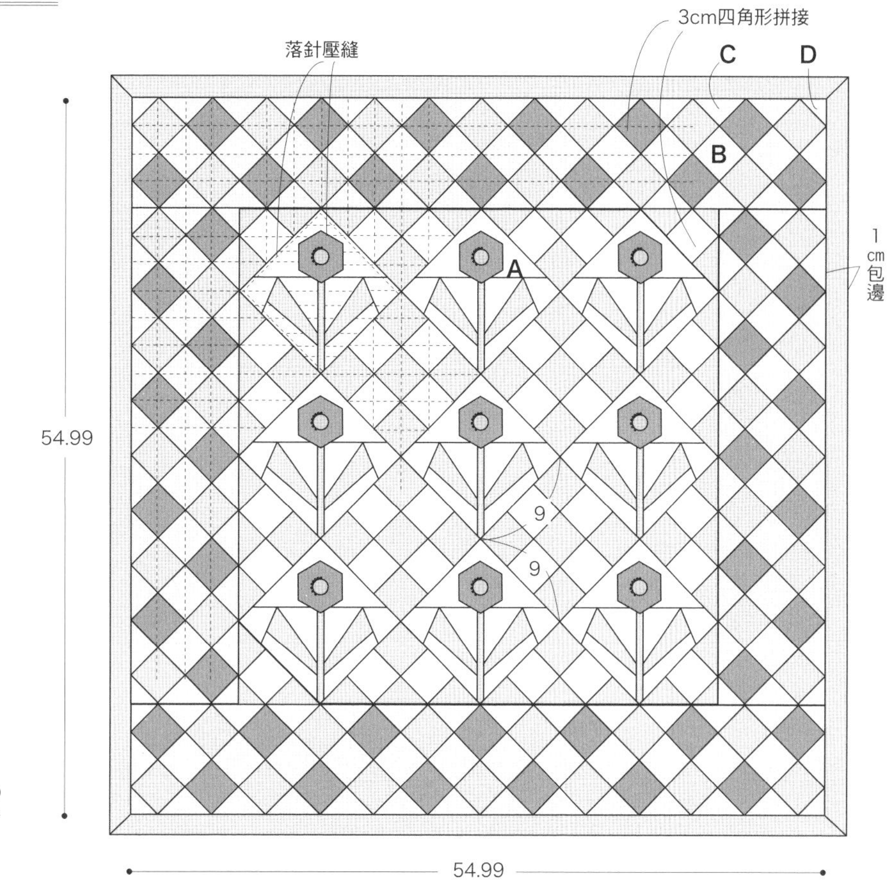

※預留縫份0.7cm。
（貼布縫預留0.3cm）
※疊合3層，進行壓線。

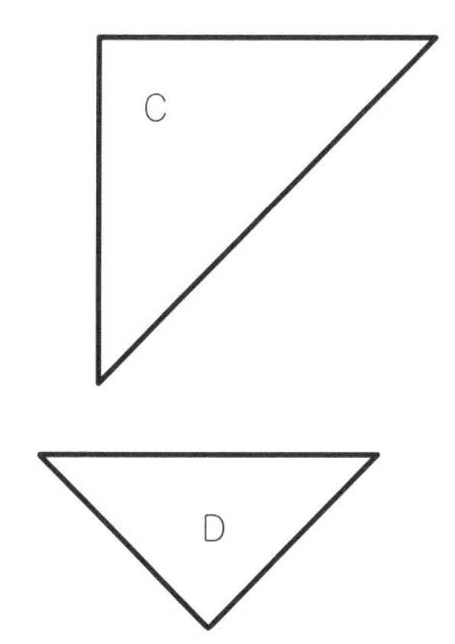

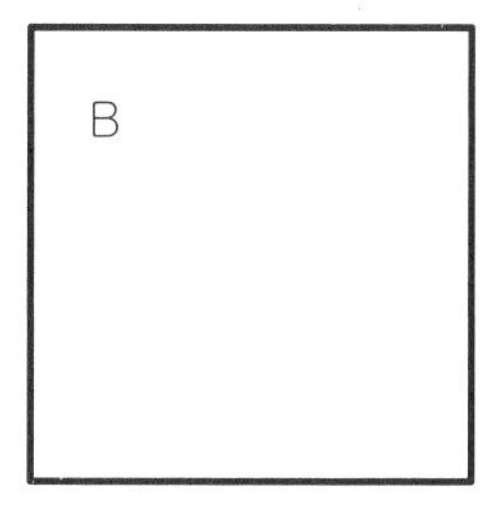

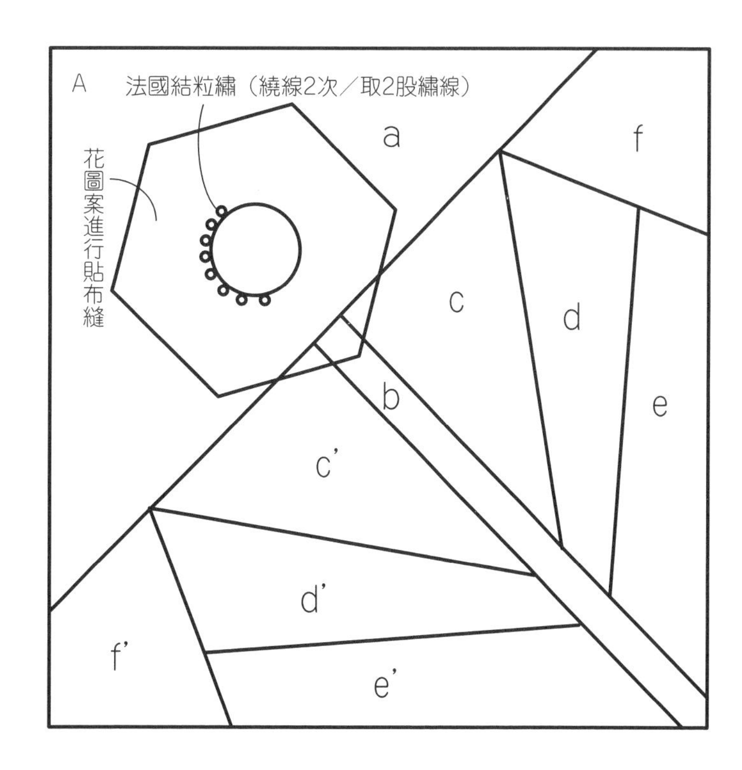

海邊風景小壁飾　P.43

▶A原寸紙型B面⑮

●材料
（螃蟹）
・各式拼接、貼布縫用布片
・鋪棉、胚布各30×20cm
・寬4cm包邊用斜布條90cm
・25號繡線適量
（魚）
・各式拼接用布片
・鋪棉、胚布各30×20cm
・寬4cm包邊用斜布條95cm

●完成尺寸
（螃蟹）13×24cm
（拼接）16.5×23cm

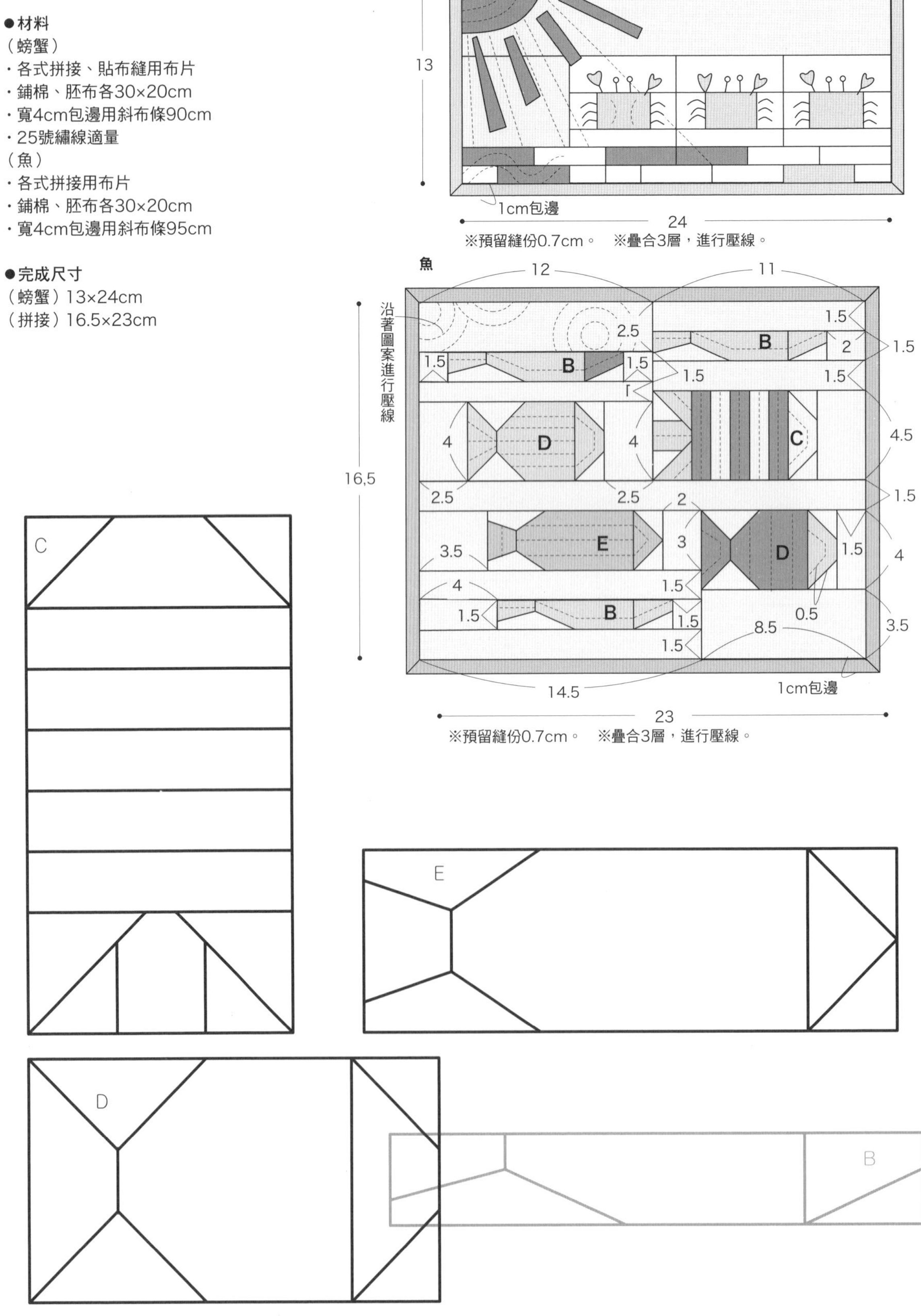

帆船壁飾　P.42

▶A至C原寸紙型B面⑯

●材料

・各式拼接用布片
・鋪棉、胚布各60×45cm
・寬4cm包邊用斜布條200cm

●完成尺寸　39×54cm

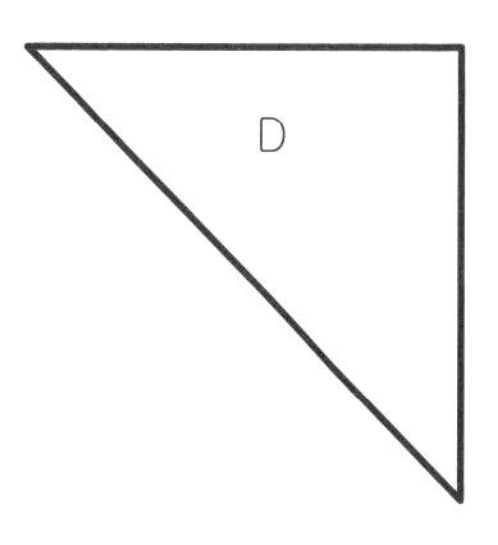

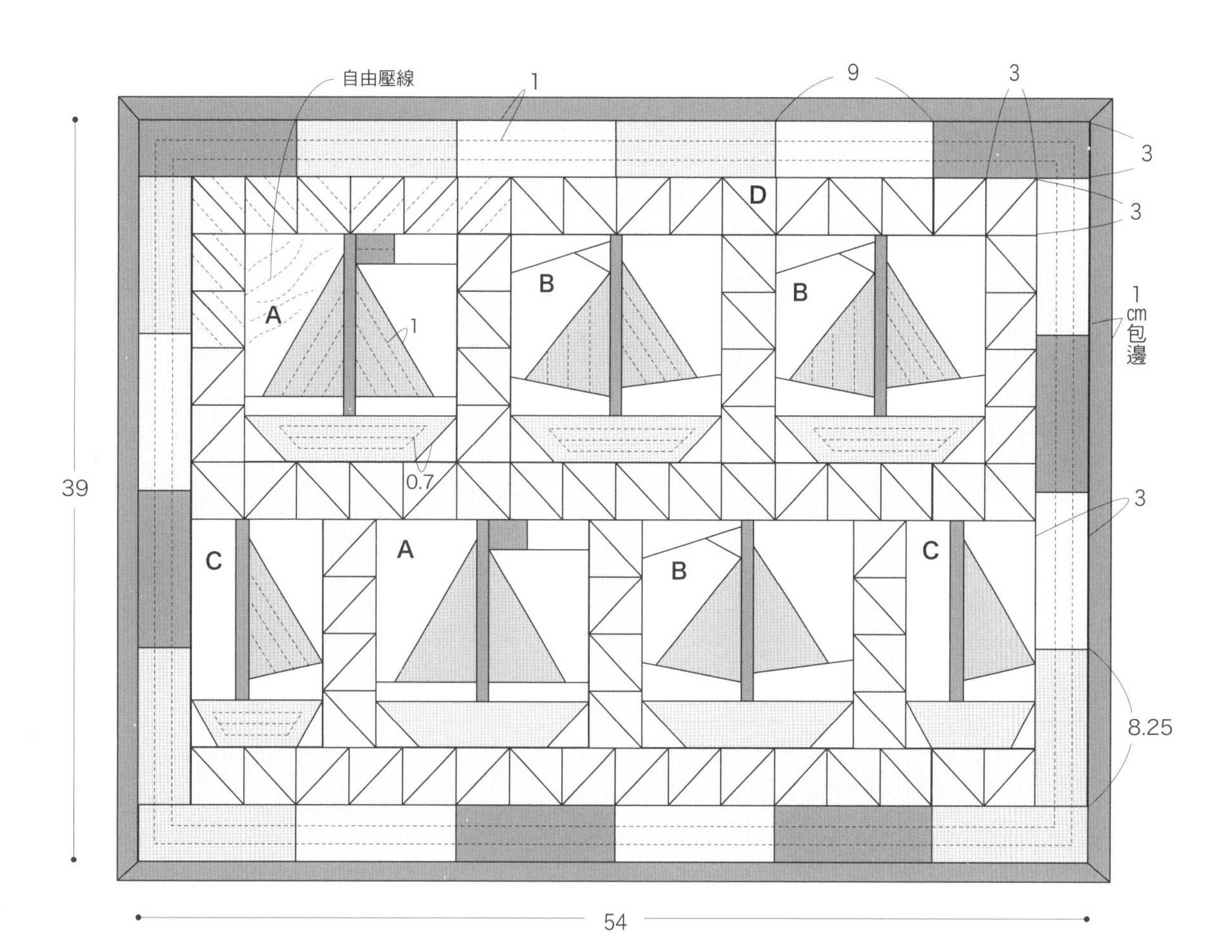

※預留縫份0.7cm。
※疊合3層，進行壓線。

萬聖節框飾　P.45

▶A至F原寸紙型B面⑩

●材料
（鬼怪）
・各式拼接用布片
・鋪棉20×10cm
・緣布20×20cm
・25號繡線適量
（南瓜）
・各式拼接用布片、貼布縫用毛氈
・鋪棉20×20cm
・緣布30×15cm

●完成尺寸
（鬼怪）內尺寸9cm
（南瓜）內尺寸7.5cm

鬼怪2片

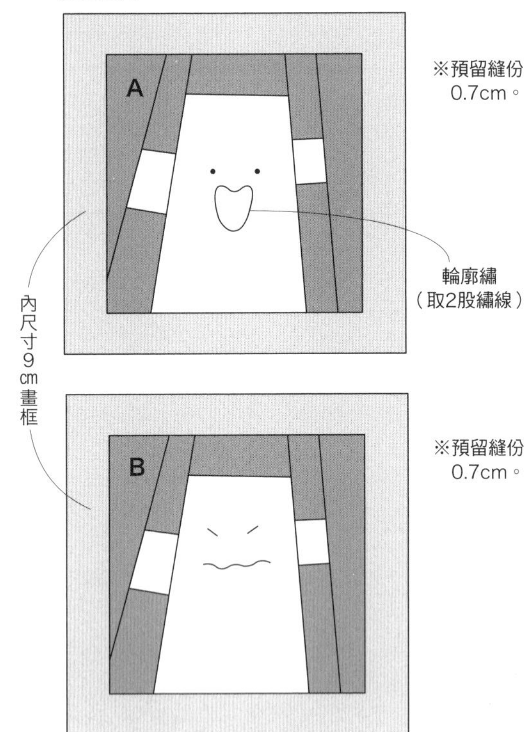

南瓜4片

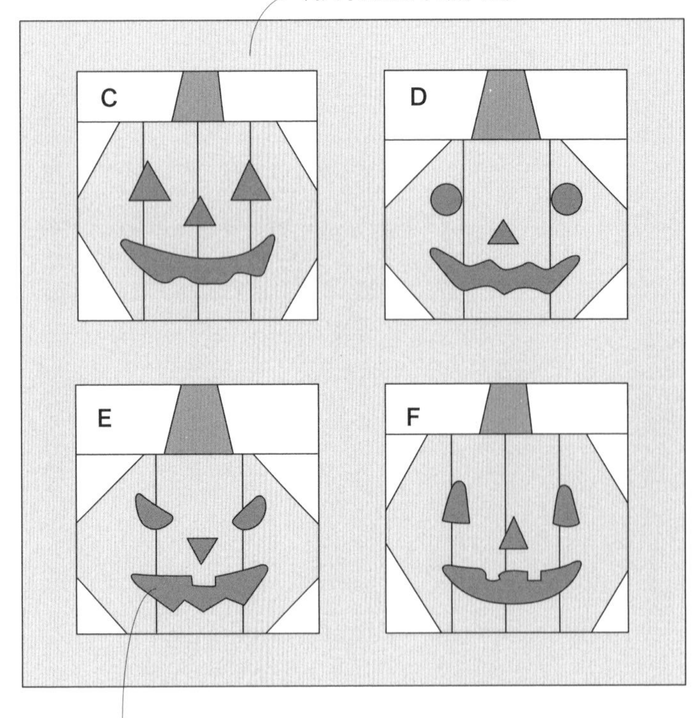

<作法相同>

❶ 表布與邊緣布縫合。

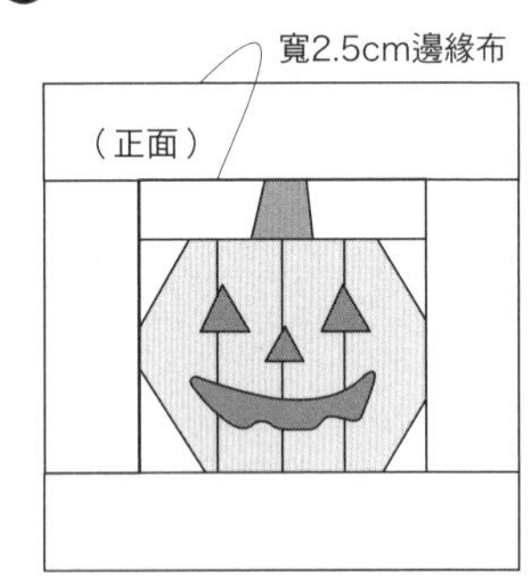

完成拼接、貼布縫的表布4邊，
與邊緣布正面相對接合。

❷ 包覆黏貼背板。

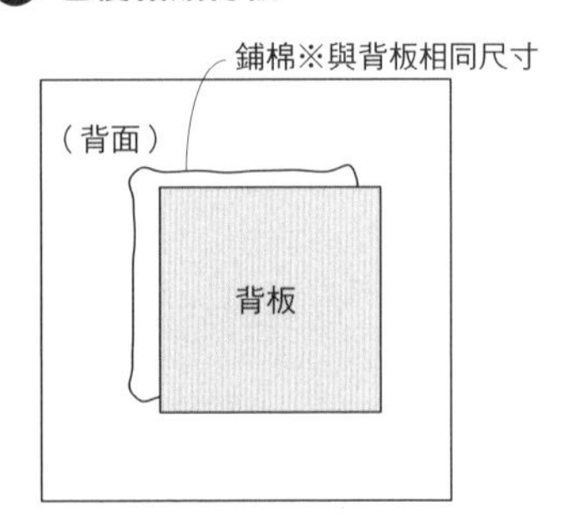

背面重疊鋪棉、畫框背板，
以表布包覆，以膠帶固定後，
固定於畫框中央。

橡實壁飾

P.44

●材料
・各式拼接、貼布縫用布片
・鋪棉、胚布各55×55cm
・寬3.5cm包邊用斜布條205cm

●完成尺寸　48×48cm

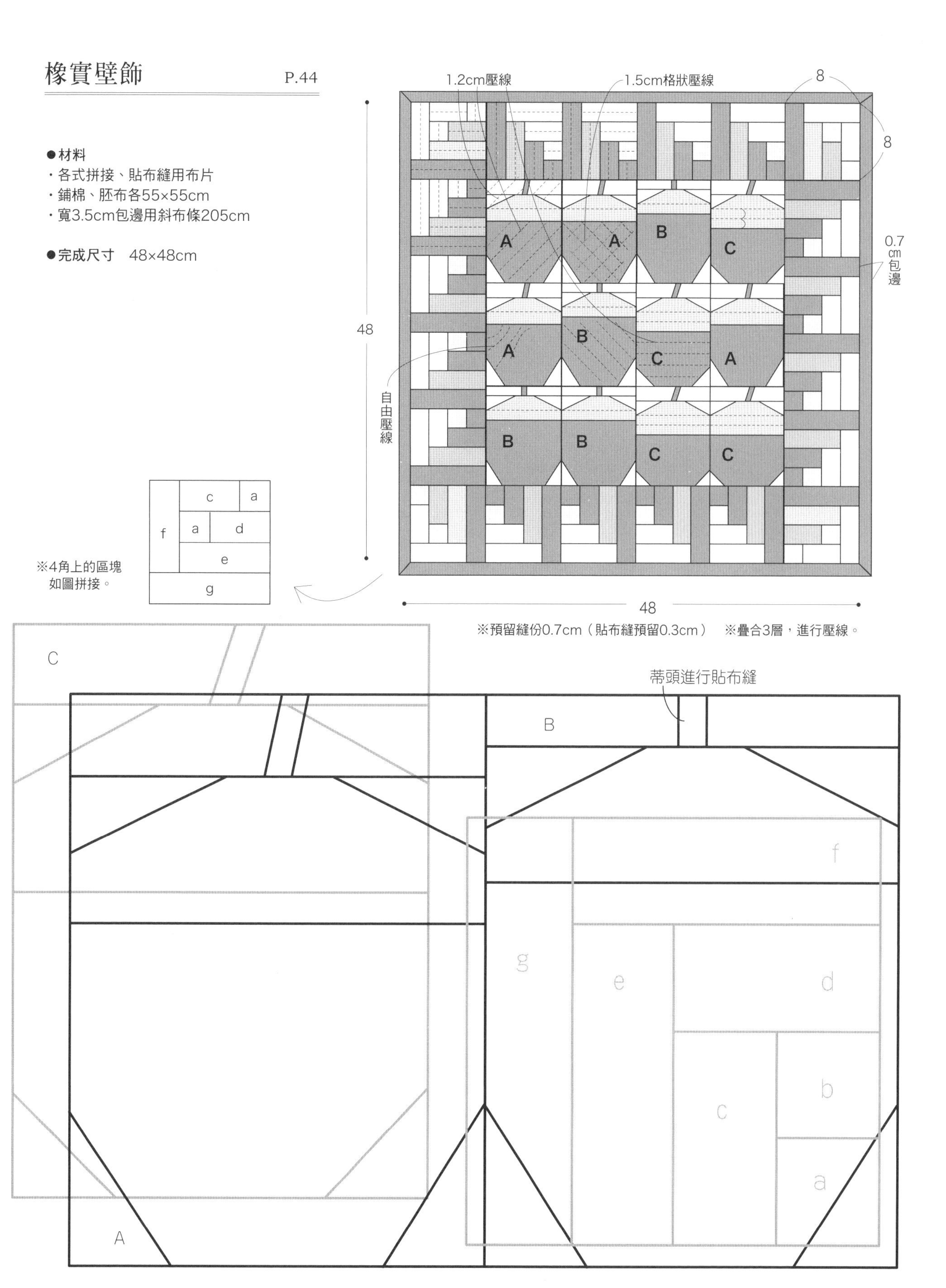

聖誕節花圈裝飾　P.47

▶前片、後片原寸紙型A面⑮

●材料
（雪人）
・手、圍巾、各式貼布縫用布片
・前、後片用布40×20cm
・雪人用布15×15cm
・鋪棉45×20cm
・塑膠板20×20cm
・直徑0.1cm蠟繩20cm
・25號繡線、厚接著襯、雙面接著襯各適量
（馴鹿）
・各式拼接用、邊角用布片
・後片用布20×20cm
・馴鹿用布（包含掛繩固定片部分）15×10cm
・鋪棉45×20cm
・塑膠板20×20cm
・直徑0.1cm蠟繩22cm
・25號號繡線、接著襯、雙面接著襯各適量

●完成尺寸　直徑16cm

前片、後片各1片（表布2片、鋪棉、厚接著襯、塑膠板各1片）

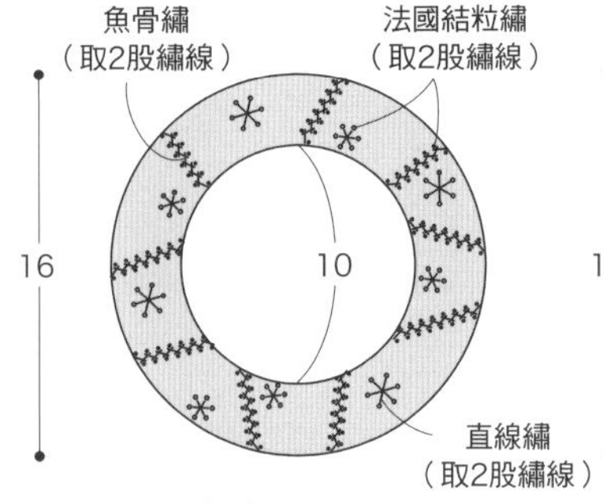

※前片預留縫份2cm，
內側孔洞不完全裁斷。
※後片預留縫份0.7cm。
※只有前片進行刺繡。
※原寸裁剪鋪棉與塑膠板。

前片、後片各1片（表布2片、鋪棉、厚接著襯、塑膠板各1片）

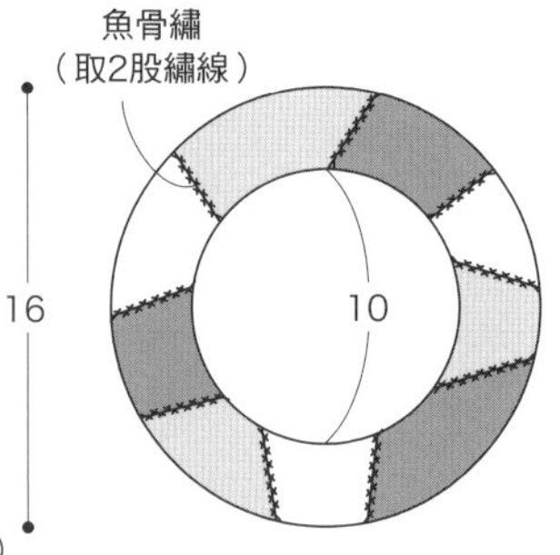

※前片預留縫份2cm。
※後片為同寸一整片布，
預留縫份0.7cm。
※只有前片進行刺繡。
※原寸裁剪鋪棉與塑膠板。

雪人手2隻（表布4片、厚接著襯2片）

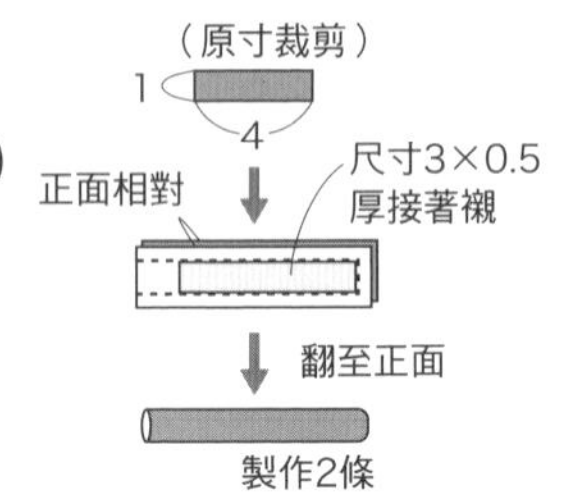

雪人2片（表布2片、鋪棉1片）

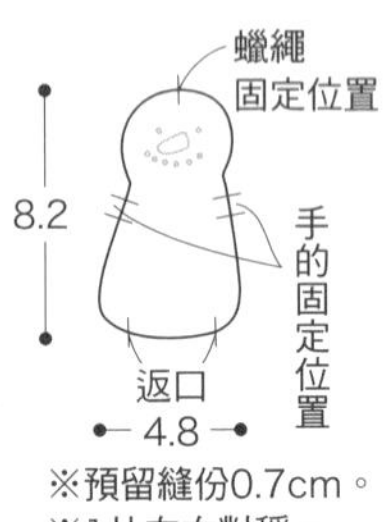

※預留縫份0.7cm。
※1片左右對稱。

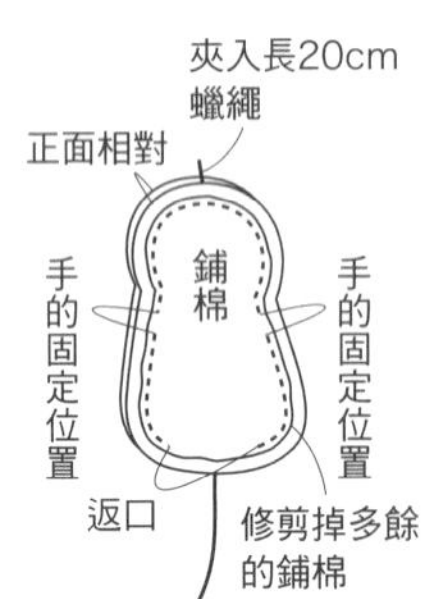

①2片正面相對疊合，
疊上鋪棉，
預留返口與手的固定位置，
縫合周圍。

雪人圍巾1片

馴鹿犄角2片（表布4片、接著襯2片）

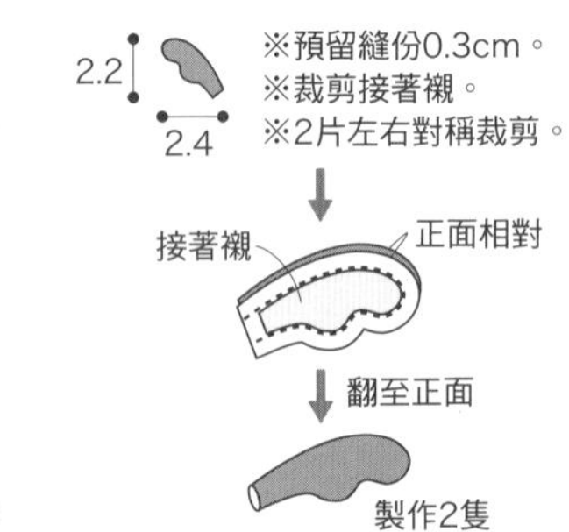

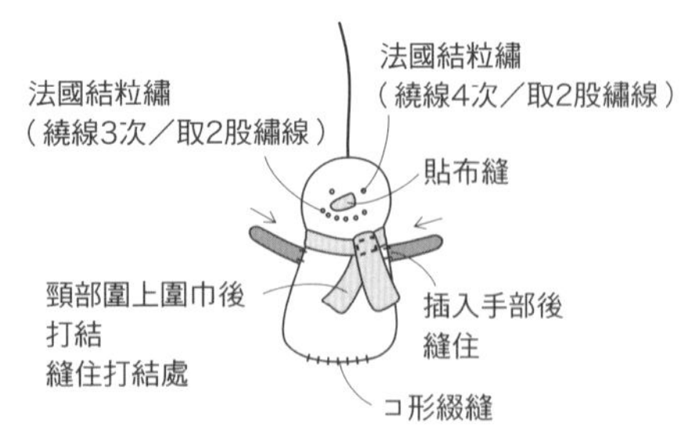

②翻回正面，縫合返口。
③前側刺繡眼睛與嘴巴，鼻子進行貼布縫。
④插入手部後縫住。
⑤頸部圍上圍巾後縫住。

馴鹿2片（表布2片、鋪棉1片）

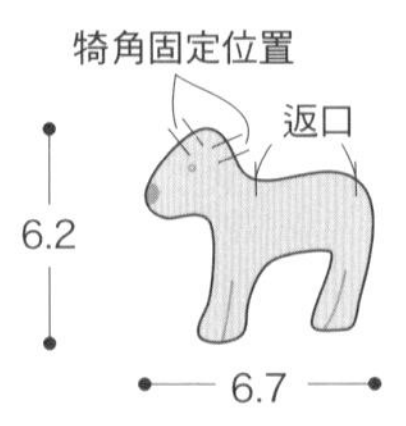

※預留縫份0.7cm。
※1片左右對稱。

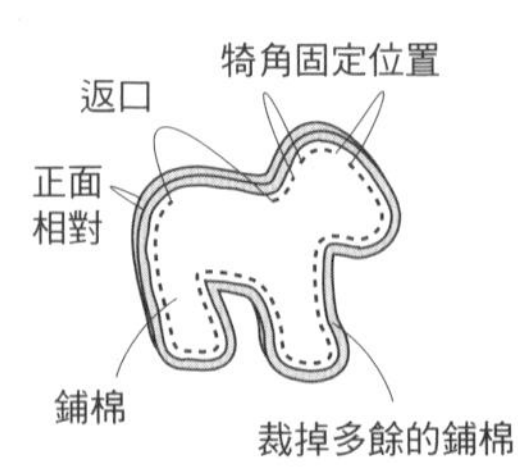

①2片正面相對疊合，疊上鋪棉，
預留返口與犄角固定位置，
縫合周圍。

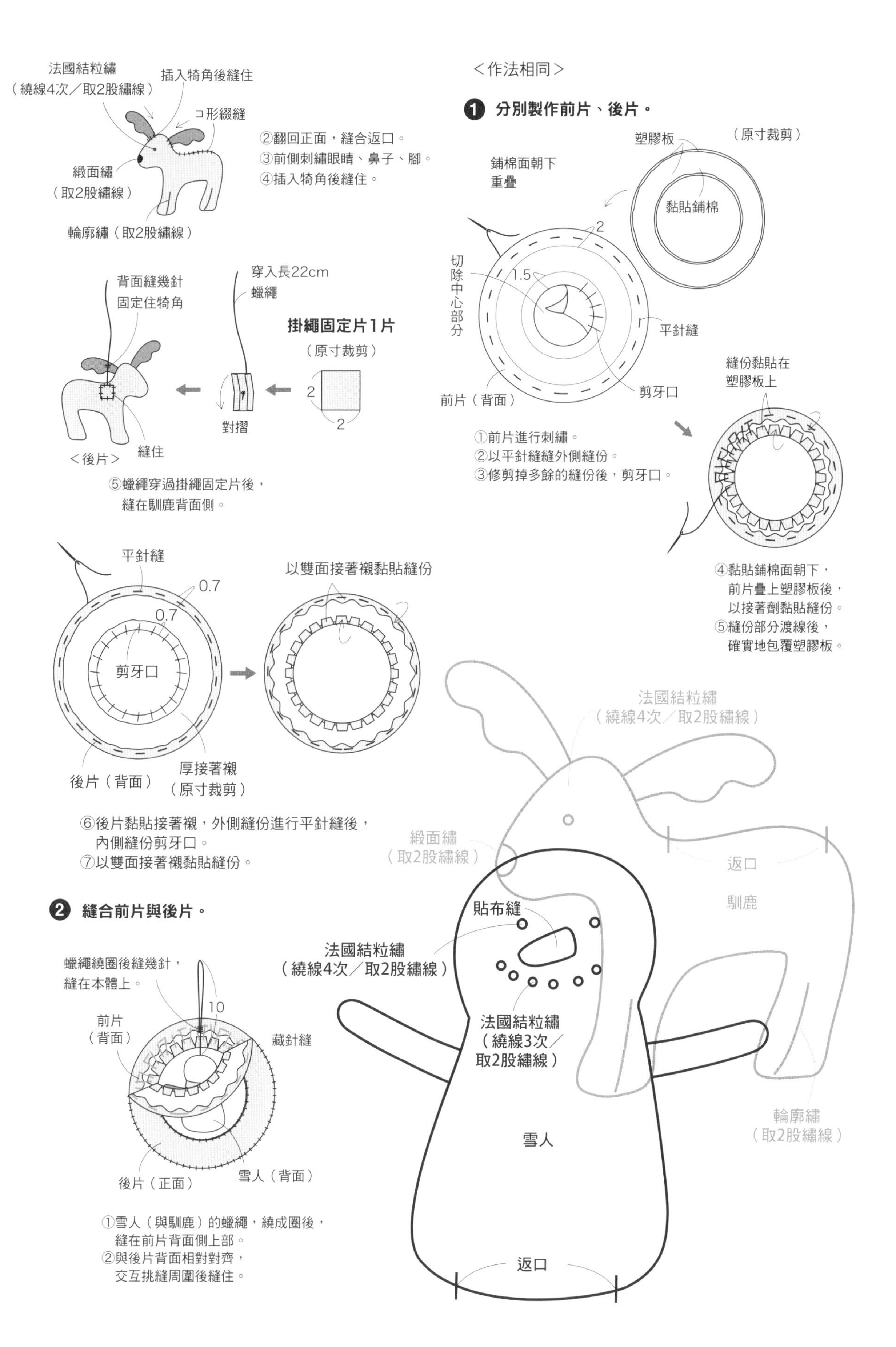
法國結粒繡
（繞線4次／取2股繡線）
插入犄角後縫住
コ形綴縫
緞面繡
（取2股繡線）
輪廓繡（取2股繡線）
②翻回正面，縫合返口。
③前側刺繡眼睛、鼻子、腳。
④插入犄角後縫住。
背面縫幾針
固定住犄角
穿入長22cm
蠟繩
掛繩固定片1片
（原寸裁剪）
2
2
對摺
縫住
<後片>
⑤蠟繩穿過掛繩固定片後，
縫在馴鹿背面側。
<作法相同>
分別製作前片、後片。
塑膠板
（原寸裁剪）
鋪棉面朝下
重疊
黏貼鋪棉
2
切除中心部分
1.5
平針縫
前片（背面）
剪牙口
①前片進行刺繡。
②以平針縫縫外側縫份。
③修剪掉多餘的縫份後，剪牙口。
縫份黏貼在
塑膠板上
④黏貼鋪棉面朝下，
前片疊上塑膠板後，
以接著劑黏貼縫份。
⑤縫份部分渡線後，
確實地包覆塑膠板。
平針縫
0.7
0.7
剪牙口
以雙面接著襯黏貼縫份
後片（背面）
厚接著襯
（原寸裁剪）
⑥後片黏貼接著襯，外側縫份進行平針縫後，
內側縫份剪牙口。
⑦以雙面接著襯黏貼縫份。
縫合前片與後片。
蠟繩繞圈後縫幾針，
縫在本體上。
10
前片
（背面）
藏針縫
後片（正面）
雪人（背面）
①雪人（與馴鹿）的蠟繩，繞成圈後，
縫在前片背面側上部。
②與後片背面相對對齊，
交互挑縫周圍後縫住。
法國結粒繡
（繞線4次／取2股繡線）
緞面繡
（取2股繡線）
返口
馴鹿
貼布縫
法國結粒繡
（繞線4次／取2股繡線）
法國結粒繡
（繞線3次／
取2股繡線）
輪廓繡
（取2股繡線）
雪人
返口

拼布美學 PATCHWORK 41

斉藤謠子＆Quilt Party

美好的拼布日常

手作包・布小物・家飾用品75選

作　　者／斉藤謠子＆Quilt Party
譯　　者／林麗秀
發 行 人／詹慶和
總 編 輯／蔡麗玲
執行編輯／黃璟安
編　　輯／蔡毓玲・劉蕙寧・陳姿伶・李宛真・陳昕儀
封面設計／周盈汝
美術設計／陳麗娜・韓欣恬
內頁排版／造極
出 版 者／雅書堂文化事業有限公司
發 行 者／雅書堂文化事業有限公司
郵政劃撥帳號／18225950
戶　　名／雅書堂文化事業有限公司
地　　址／新北市板橋區板新路206號3樓
電　　話／(02)8952-4078
傳　　真／(02)8952-4084
網　　址／www.elegantbooks.com.tw
電子信箱／elegant.books@msa.hinet.net

2019年3月初版一刷　定價480元

WATASHITACHI GA SUKI NA QUILT

Originally published in Japan in 2016 by X-Knowledge Co., Ltd.
Chinese (in complex character only) translation rights arranged with
X-Knowledge Co., Ltd. TOKYO,
through Keio Cultural Enterprise Co., Ltd. TAIWAN.

經銷／易可數位行銷股份有限公司
地址／新北市新店區寶橋路235巷6弄3號5樓
電話／(02)8911-0825
傳真／(02)8911-0801

國家圖書館出版品預行編目(CIP)資料

斉藤謠子 &Quilt Party 美好的拼布日常：手作包．布小物．家飾用品 75 選 / 斉藤謠子，Quilt Party 著；林麗秀譯．-- 初版．-- 新北市：雅書堂文化，2019.03
面；　公分．--（拼布美學；41）
ISBN 978-986-302-480-4(平裝)

1. 拼布藝術 2. 手工藝

426.7　　108002333

斉藤謠子

超人氣拼布作家。Quilt Party為1986年斉藤謠子於日本千葉縣市川開創的拼布教室與店鋪。以先染布為主，廣泛地以各式布料完成配色精美，作工精緻的作品，因超高完成度而廣受矚目，每年舉辦展示會，前往教室參訪者絡繹不絕。
www.quilt.co.jp/

原書製作團隊

攝影／蜂巣文香
作法繪圖／櫻岡千榮子　三島惠子
編輯／鴨田彩子

攝影協力／
ZARA HOME
BROCANTE
Maison Orn'e de Feuilles
AWABEES

Quilt Party

Quilt Party

Quilt Party

Quilt Party